AF318688

Bibliothèque de Philosophie scientifique

FÉLIX LE DANTEC

Chargé de cours à la Sorbonne

La

Science de la Vi

La Nature a horreur de la contrainte.

PARIS

ERNEST FLAMMARION, ÉDITEUR

26, RUE RACINE, 26

La Science de la Vie

AUTRES OUVRAGES DU MÊME AUTEUR

A la librairie E. FLAMMARION :

Les Influences ancestrales (10e mille) 1 vol. in-18.	3 50
La Lutte universelle (8e mille). 1 vol. in-18.	3 50
L'Athéisme (12e mille).	3 50
De l'Homme à la Science (Philosophie du XXe siècle) (6e mille).	3 50
Science et Conscience (6e mille).	3 50
L'Égoïsme (6e mille).	3 50

A la librairie A. COLIN :

Le Conflit. Entretiens philosophiques. 5e édit. 1 vol. in-16.	3 50

A la librairie FÉLIX ALCAN :

Théorie nouvelle de la vie. 4e édition. 1 vol. in-8, cartonné.	6 »
Le Déterminisme biologique et la personnalité consciente. 3e édition. 1 vol. in-16.	2 50
L'Individualité et l'erreur individualiste, 3e édition. 1 vol. in-16.	2 50
Évolution individuelle et hérédité. 1 vol. in-8, cart.	6 »
Lamarckiens et Darwiniens. 3e édit. 1 vol. in-16.	2 50
L'Unité dans l'être vivant. 1 vol. in-8.	7 50
Les limites du connaissable. 3e édition, 1 vol. in-8.	3 75
Traité de biologie. 2e édit. 1 vol. gr. in-8 illustré. .	15 »
Les Lois naturelles. 2e édition. 1 vol. in-8	6 »
Introduction à la Pathologie générale	15 »
Éléments de philosophie biologique. 3e édit. 1 vol. in-16.	3 50
La Crise du Transformisme. 2e édition.	3 50
La Stabilité de la vie.	6 »
Le Chaos et l'harmonie universelle.	2 50
Contre la métaphysique.	3 75

Bibliothèque de Philosophie scientifique.

FÉLIX LE DANTEC

CHARGÉ DE COURS A LA SORBONNE

LA
Science de la Vie

La Nature a horreur de la contrainte.

PARIS

ERNEST FLAMMARION, ÉDITEUR

26, RUE RACINE, 26

1912

A Victor BÉRARD

Te souvient-il, mon cher ami, des enthousiasmes de notre jeunesse, des visées ambitieuses de nos vingt ans? Tu rentrais de l'École d'Athènes, et j'arrivais moi-même de la mission Pavie, quand, nous rencontrant un beau jour rue Gay-Lussac, nous nous sentîmes subitement amis, quoique nous étant coudoyés deux ans, sans nous reconnaître, à l'École de la rue d'Ulm. Et ce fut une amitié vraiment fraternelle, qui nous décida bien vite à nous communiquer tous nos rêves et toutes nos espérances.

Ainsi, je fus initié avant personne à ton interprétation nouvelle des cultes grecs. J'oserais presque dire que j'ai collaboré à ton Odyssée, tant j'ai participé aux joies que te causait la découverte de quelque nouveau « doublet », de quelque « calembour populaire », expliquant des choses réputées inexplicables. J'ai pénétré avec toi dans la grotte de Calypso, et j'ai su, l'un des premiers, que le poème d'Homère est un document scientifique de géographie primitive. Pour s'en apercevoir, il suffisait de savoir lire; il fallait aussi croire qu'on pouvait lire; mais tu avais la foi qui soulève les montagnes!

Ton amitié s'effrayait cependant de mes audaces de jeune homme, quand je t'entretenais de la possibilité d'une étude totale et vraiment scientifique de la Vie. Et, en effet, j'ai tâtonné bien longtemps avant de réaliser la synthèse que je publie aujourd'hui. Mon rêve était, dès le début, de construire une Biologie déductive. En voici enfin le plan dans cet ouvrage, et je ne te cache pas que j'en suis vraiment satisfait. J'ai même dépassé le but que s'était proposé ma jeunesse présomptueuse, car j'ai fait entrer dans le même cadre beaucoup de faits que je n'osais pas, jadis, rapprocher les uns des autres; et je reste émerveillé devant l'admirable unité des phénomènes vitaux, unité à laquelle j'avais cru avant de savoir la démontrer.

Je n'ai plus, comme il y a vingt ans, la prétention de convaincre mes contemporains; et, cependant, les quelques théorèmes que j'ai formulés dans ce petit livre me paraissent si évidents que, seule, l'influence des idées préconçues me permet de comprendre qu'on ne les ait pas énoncés plus tôt.

Je devais te dire quelle joie j'éprouve aujourd'hui d'avoir fait « le tour » de la Biologie, puisque c'est à toi que je confiais jadis mes ambitions et mes *espérances. Tu as réalisé ton rêve plus vite que moi; il m'est doux de te rappeler que nous avons élaboré ensemble le programme de notre vie scientifique.*

FÉLIX LE DANTEC.

Ty plad en Pleumeur-Bodou, 31 juillet 1912.

La Science de la Vie

CHAPITRE I

Il y a une science de la vie[1].

Il y a une science de la vie qu'on appelle *Biologie générale*. Le mot *Biologie* aurait suffi, mais on en a abusé, et il a fallu lui ajouter le qualificatif de *générale*, pour distinguer des sciences purement descriptives, simples catalogues de faits bien observés, la science qui cherche « s'il y a quelque chose de commun à tous les phénomènes qui se passent chez les êtres vivants ». On s'est empressé d'ailleurs d'abuser de l'expression « Biologie générale » comme on avait abusé du mot Biologie. Et cela se comprend, car, d'un accord tacite, les hommes reconnaissent une hiérarchie des sciences. L'histoire naturelle a « monté en grade » quand elle est devenue « Science naturelle »; une observation précise, faite dans le domaine de la Zoologie, de la Botanique, de la Physiologie ou de la Psychologie perd son caractère anecdotique et

1. Ce premier chapitre, qui sert d'introduction à l'ouvrage, a paru dans la *Revue philosophique*.

prend un aspect plus imposant dès qu'on la catalogue sous la rubrique « Biologie générale ». Une telle rubrique existe dans la plupart des journaux savants. Je relève au hasard quelques-uns des titres des articles qu'elle abrite dans la *Revue Scientifique :* « Sur la chlorophylle des grenouilles; Régénération du bec chez l'oie et le canard; Le sens des couleurs chez les poissons et chez les invertébrés; Respiration intestinale chez la loche; etc., etc. » Toutes ces études sont intéressantes pour le biologiste, en ce sens qu'il peut s'en servir, soit pour établir des lois générales, soit pour vérifier des lois déjà établies. Elles constituent donc des *documents* dont on peut user pour fonder la science de la vie, mais elles ont cela de commun avec toutes les observations bien faites dans le domaine de la Zoologie ou de la Botanique. Personne ne peut nier que tous les faits recueillis en Histoire naturelle soient des matériaux pour servir à l'établissement de la Biologie; il est abusif de laisser croire que le recueil de ces faits anecdotiques *est la Biologie.* Sans cela, le mot Biologie ferait double emploi avec l'expression « Histoire naturelle » et n'en serait qu'une forme prétentieuse et pédante.

Un journal raconte qu'un bolide est tombé dans un champ, tel jour et à telle heure; c'est une anecdote; on la rapporte à Newton qui dit : « Les corps s'attirent »; voilà une loi générale. Le rôle du biologiste est de découvrir la loi générale dans le fait particulier.

Les lois ont des domaines plus ou moins étendus; l'une d'elles pourra s'appliquer à tous les mammifères, l'autre à tous les vertébrés, l'autre à tous les animaux, la dernière, enfin, aux animaux et aux végétaux sans distinction. Les groupes de la classification ne sont justifiés que par l'existence de lois qui s'appliquent aux êtres compris dans chaque groupe, à l'exclusion des êtres qui appartiennent à des groupes différents. La Biologie générale recherche les lois qui s'appliquent à *tous* les êtres vivants de *tous* les groupes.

Képler avait découvert les lois du mouvement des planètes; des physiciens avaient étudié les lois de la chute des corps à la surface de la Terre. Newton donna une loi synthétique, qui se vérifiait dans ces deux groupes de faits et dans beaucoup d'autres encore. Les lois vraiment générales s'appliquent à tout. La Biologie générale recherche les lois qui s'appliquent à tous les êtres vivants et à eux seuls.

Mais alors, si les lois biologiques s'appliquent, par définition même, à tous les êtres vivants, il ne doit pas être impossible de les découvrir en faisant l'étude complète d'une espèce vivante choisie au hasard. La difficulté est, lorsqu'on étudie une espèce unique, de savoir distinguer ce qui est propre à l'espèce et ce qui appartient en commun à tous les êtres vivants. Le flair le plus subtil ne suffit pas; il faut comparer un grand nombre d'espèces, et les choisir aussi différentes que possible les unes des autres. Une particularité que l'on a découverte chez la fougère de Fontainebleau, chez l'oursin, chez la salamandre terrestre et chez le ver de terre *a des chances* d'être commune à tous les êtres vivants; on annonce donc que cette particularité est générale; mais on ne le fait que sous bénéfice d'inventaire. Il faudra vérifier ensuite que tous les êtres ne se divisent pas en deux groupes dont l'un comprendrait les quatre espèces étudiées, et dont l'autre serait formé d'animaux et de végétaux dans lesquels la prétendue loi générale ne s'appliquerait pas.

Pour entreprendre des recherches de Biologie, il faut donc d'abord connaître un grand nombre de faits observés dans les par'ies les plus diverses du domaine de la vie; sans cela, on risquerait de perdre du temps à considérer comme générales des manifestations purement spécifiques. Et il faut avoir sans cesse présent à l'esprit le souvenir de ce grand nombre de faits.

Cela posé, on a parfaitement le droit de choisir ses exemples comme on l'entend. Une même loi se manifeste chez tous les êtres vivants quand elle est vraiment une loi de Biologie générale; mais elle est plus évidente dans tel cas particulier; *c'est en étudiant ce cas particulier qu'on la découvrira.*

C'est dans le fait d'extraire une loi générale de la constatation d'un cas particulier que se manifeste l'invention propre du biologiste ; sans doute, cette invention ne peut être réalisée que par un homme connaissant beaucoup de choses et de choses très variées dans le domaine des sciences naturelles ; il faut aussi que cet homme se soit posé à l'avance un certain nombre de questions dont la solution intéresse le problème général de la vie ; mais une certaine tournure d'esprit est encore plus indispensable ; là où le naturaliste descripteur aura remarqué un détail qui le comble d'aise, le savant généralisateur cherchera au contraire à faire abstraction de tout ce qui paraît *spécifique*, et se demandera s'il n'est pas possible de raconter le fait observé dans un langage qui ne mentionne ni l'espèce étudiée ni les conditions particulières de l'observation. *Si cette narration est possible*, il y a présomption de loi. On cherche ensuite si cette loi s'applique à d'autres cas, et, enfin, si elle se vérifie partout et toujours ; alors c'est vraiment une proposition générale, un *théorème de Biologie*.

*
* *

Un exemple fera mieux comprendre la méthode indiquée dans ces phrases trop abstraites :

Sous les feuilles de la fougère de Fontainebleau, il se forme de petites excroissances d'où se déta-

1.

chent finalement de petits corpuscules à l'état de repos chimique (vie latente). et qu'on appelle des spores. L'une de ces spores, germant sur la terre humide dans des conditions favorables, donne naissance à une petite lame verte appliquée sur le sol, et qu'on appelle un *prothalle*. Le prothalle n'a aucune ressemblance morphologique avec la fougère feuillée qui lui a donné naissance ; on dirait plutôt, à première vue, une algue ou une hépatique. Dans ce prothalle apparaissent des éléments sexués, mâles et femelles ; un anthérozoïde fécondant une oosphère donne naissance à un œuf qui est le point de départ d'une nouvelle fougère feuillée semblable à celle qui a fourni la spore dont est issu le prothalle.

Le naturaliste descripteur s'attachera à étudier d'abord la morphologie des excroissances où se sont formées les spores sous la feuille de la fougère ; il décrira les sporanges dans les sores et le mécanisme de la déhiscence des sporanges ; puis il étudiera les conditions dans lesquelles germe la spore et fera l'anatomie du prothalle ; dans ce prothalle il dessinera les archégones qui fournissent l'oosphère et les anthéridies qui donnent l'élément mâle, etc., etc. Tous ces détails l'empêcheront d'admirer dans sa simplicité la génération alternante de la fougère de Fontainebleau. Le généralisateur au contraire s'empressera de rechercher, soit dans sa mémoire, soit dans des traités spéciaux, si cette génération alternante se manifeste chez d'autres fougères différentes de la première ; ayant constaté que cela a lieu, il s'attachera à la notion de génération alternante des fougères, beaucoup plus qu'aux différences dans l'anatomie des sores et dans la structure des prothalles des différentes espèces, et il énoncera cette formule, spéciale au groupe des fougères, il est vrai, mais commune à toutes les espèces de fougères : dans le groupe des fougères, la forme feuillée donne naissance par des spores, c'est-à-dire par génération asexuée, à une forme prothalle qui est sexuée et qui, à son tour, par fécondation, donne naissance à un œuf qui est le point de départ d'une nouvelle forme feuillée.

Énoncée de cette manière, la formule précédente, commune à toutes les fougères, ne peut se généraliser aux autres groupes animaux et végétaux. Il est bien évident, par exemple, que l'espèce humaine ne fournit pas de spores qui donnent des prothalles en germant sur la terre humide. La génération alternante semble séparer les fougères de tous les autres groupes botaniques dans lesquels ce phénomène remarquable ne se manifeste pas ; on aurait donc trouvé là une « loi de groupe » caractérisant toutes les espèces chez lesquelles cette loi se vérifie et les distinguant des autres espèces vivantes.

Il y a sans doute des « lois de groupe » et ce sont

ces lois de groupe qui donnent leur valeur aux classifications. Mais quand on découvre un phénomène nouveau dans un groupe donné, on doit immédiatement se demander si ce phénomène est vraiment limité au groupe considéré ou s'il n'est pas la manifestation, particulière à ce groupe, d'une loi plus générale concernant un groupe plus étendu, s'appliquant même à la généralité des êtres vivants. Le vrai biologiste, dans cette occurrence, comparera le phénomène nouveau à ceux qu'il connait dans l'ensemble du règne animal ou végétal ; il verra surtout si l'application des lois biologiques déjà connues ne permet pas de traduire en une formule plus compréhensive la « loi de groupe » qui vient d'être découverte. Dans le cas de l'alternance fougère-prothalle, voici par exemple ce qu'il se dira :

L'une des lois qui semblent le plus générales en Biologie est la ressemblance des enfants et des parents dont ils sont issus. D'autre part, la forme d'un être vivant parait bien être toujours dirigée par la structure de la substance protoplasmique qui la construit. Enfin, le fait capital de l'histoire de la vie est que toute substance vivante produit, par assimilation, des substances ayant même composition chimique qu'elle. Les fougères font-elles exception à l'une de ces lois générales ? Pour ce qui est de la première il n'y a pas de doute ; le prothalle diffère de la fougère tandis que le chevreau ressemble à la chèvre. Mais à quoi est due cette différence? La loi morpho-biologique qui établit un rapport entre la forme d'un être vivant et le patrimoine héréditaire de la cellule qui la construit ne serait-elle pas vraie pour le prothalle? Nous ne pouvons pas le croire, car une spore de fougère produit toujours un prothalle, et le développement du prothalle est tout à fait comparable à tous les développements qui se font à partir d'une cellule initiale. Il resterait donc à supposer que la substance de fougère, en produisant les spores de fougère, fabrique une substance *autre* que sa substance propre. Avant d'accepter cette contravention à la loi d'*assimilation*, qui a paru si caractéristique qu'elle a fourni une définition de la vie, il faut chercher s'il n'y a pas d'autre explication possible.

Si nous ne pouvons pas admettre que la loi d'assimilation soit en défaut, nous devrons penser que la spore est formée de *substance de fougère*, comme la fougère feuillée elle-même; et alors il restera le fait que la substance de fougère construit quelquefois une fougère feuillée, quelquefois un prothalle qui en est tout différent.

Ici, nos connaissances de Chimie viennent à notre secours; le soufre, par exemple, construit quelquefois des cristaux prismatiques et quelquefois des cristaux octaédriques, suivant l'*état* physique dans lequel il se trouve. Voilà une notion nouvelle : le dimorphisme des cristaux construits tient à la possibilité de deux *états* du soufre qui les construit. Transportons cette formule dans l'histoire des fougères et nous pourrons tout concilier :

La substance de fougère peut exister sous *deux états physiques;* dans le premier état, elle construit une fougère feuillée; dans le second elle construit un prothalle. Admettons pour un instant que cette explication soit valable; voici quelle sera la narration des faits observés :

Les deux états de la substance fougère apparaissent successivement, dans un ordre régulier, au cours du développement normal de la lignée. Le premier état, qui se manifeste à nous par la construction d'une fougère feuillée, ne donne jamais lieu à des maturations sexuelles; le second état construit un prothalle dans lequel certaines cellules peuvent être atteintes par la maturation et devenir des anthérozoïdes ou des oosphères.

Cette formule présente pour le philosophe un intérêt tout particulier en ce sens qu'elle montre (dans un groupe limité il est vrai) un rapport établi entre le phénomène mystérieux de la maturation sexuelle et la réalisation d'un certain *état* de la substance vivante, cette maturation ne se produisant jamais dans la substance fougère quand elle est à l'*état* qui construit la fougère feuillée.

Pour un savant qui a le *flair biologique*, il y a là quelque chose qui promet une généralisation intéressante. Cette généralisation, les découvertes de l'Histologie vont nous la fournir immédiatement.

En étudiant les karyokinèses qui se produisent dans la fougère feuillée, et en les comparant à celles qui se produisent dans le prothalle, on constate en effet que les premières présentent $2n$ chromosomes, tandis que les secondes n'en présentent que n. Ici, il faudrait pouvoir dire plusieurs phrases à la fois, tant sont nombreuses les idées qui jaillissent de cette simple constatation.

D'abord, cela justifie notre idée de l'existence de deux états successifs de la substance de fougère, la différence entre ces deux états se manifestant par les conséquences qui en résultent dans le domaine de la Morphologie intracellulaire; ici, la substance au premier état construit $2n$ chromosomes; là, se trouvant au second état, elle n'en construit que n; il est donc tout naturel que la Morphologie d'ensemble qui en résulte soit différente dans les deux cas et que la première substance fabrique une fougère, la seconde un prothalle.

Mais voici qui est bien plus intéressant encore : c'est dans le prothalle seulement qu'apparaît la maturation sexuelle. Or, le prothalle ne manifeste que n chromosomes dans ses karyokinèses, et nous avons dû admettre que ce nombre réduit n est caractéristique du second état de la substance fougère. Nous comprenons donc que la variation d'état physique qui réduit à *n* le nombre $2n$ des chromosomes introduit en même temps dans les protoplasmes la possibilité de la maturation sexuelle. Nous voilà conduits à une généralisation merveilleuse :

Chez *tous* les êtres, animaux ou végétaux, dans les cellules desquels on a pu compter les chromosomes au cours des karyokinèses, on a remarqué en effet que, si $2n$ est le nombre ordinaire des chromosomes dans les karyokinèses des cellules constituant le corps ou *soma*, les karyokinèses qui mènent aux éléments capables de mûrir pour devenir sexuels présentent toujours le nombre réduit *n* de chromosomes. Cette remarque générale avait même conduit les histologistes à une erreur d'interprétation; ils avaient cru que le fait de voir dédoubler le nombre de ses chromosomes, de le voir passer de $2n$ à *n*, constituait, pour une cellule, la maturation sexuelle. L'observation du prothalle de fougère, dans lequel *toutes* les cellules ont *n* chromosomes dans leurs karyokinèses, alors que *quelques-unes* seulement de ces cellules deviennent des éléments sexuels, montre que cette interprétation est erronée; la réduction à *n* du nombre de chromosomes n'est pas la maturation sexuelle, mais est seulement une condition nécessaire pour que cette maturation soit possible. Cette erreur écartée, voici donc la formule générale très remarquable à laquelle nous conduit

l'observation de la génération alternante de la
fougère de Fontainebleau :

La substance vivante d'une espèce donnée peut
se présenter sous deux états physiques différents,
dont l'un est caractérisé par l'apparition de $2n$
chromosomes dans les karyokinèses, l'autre par
celle de n chromosomes seulement. Ces deux états
se succèdent naturellement dans certaines lignées
cellulaires; la maturation sexuelle ne se produit
jamais que dans la forme à n chromosomes; de la
fécondation qui résulte de cette maturation provient une nouvelle lignée cellulaire à $2n$ chromosomes; et ainsi de suite...

L'histoire de cette formule est féconde en ensei-
gnements relatifs à la méthode de la Biologie.

L'étude attentive des fougères nous a d'abord
fait croire que ces plantes présentent une *exception* à l'une des lois considérées comme les plus
générales en Biologie. La contravention concernait,
dans l'espèce, soit la loi d'hérédité, soit la loi
d'assimilation, soit le théorème morphobiologique
qui règle le rapport de la forme construite à la
constitution chimique de la substance constructrice. En y regardant de plus près, nous avons
remarqué que l'exception n'est qu'apparente, et
nous avons été conduits à une loi nouvelle qui,
plus évidente chez la fougère, se manifeste néanmoins dans toutes les espèces vivantes où il est
possible de compter les chromosomes, savoir la

loi du dimorphisme successif en rapport avec la sexualité. Pourquoi avons-nous fait cette découverte?

Uniquement parce que nous n'avons pas douté de la généralité de nos principes. C'est là l'attitude du vrai biologiste qui constate une exception à des lois considérées comme générales. Croire à une exception réelle serait douter de l'existence même de la Biologie. Pour que le mot *vie* mérite d'être conservé et puisse servir à caractériser un certain nombre de corps appelés vivants, par opposition avec les corps appelés bruts, il faut qu'il y ait un minimum de lois générales communes à tous les êtres vivants et à eux seuls. On ne peut être biologiste et consacrer son activité à la recherche de ces lois, si l'on ne croit pas d'avance qu'il en existe; il sera toujours assez tôt pour renoncer à son rêve, si l'on constate qu'aucune loi, considérée comme s'appliquant à tous les êtres vivants et à eux seuls, ne se vérifie en réalité jamais chez tous en même temps. Ainsi, au début même de l'effort du biologiste, il y a en réalité un acte de foi; nous admettons implicitement, jusqu'à plus ample informé, que nos pères ne se sont pas trompés en attribuant le même nom d'être vivant à un certain nombre de corps de la nature.

Et notre tendance généralisatrice est exactement opposée à celle des classificateurs.

Quand une loi est découverte dans un groupe,

les classificateurs ont immédiatement le désir de montrer que cette loi caractérise le groupe; les biologistes, au contraire, ne se résignent à accepter le caractère particulier de la loi nouvelle que lorsqu'ils ont échoué dans tous leurs efforts pour l'étendre, soit à un groupe plus étendu que le premier, soit même à l'ensemble des êtres vivants. En face d'une exception à une loi dite générale, le biologiste proprement dit aura donc toujours d'abord une attitude sceptique. Il recherchera immédiatement si cette exception n'est pas due, dans le groupe où elle se manifeste, à une autre loi qui *masque* la première et empêche ses effets d'être évidents. Et quand il aura découvert cette loi de groupe, il ne considérera pas sa tâche comme terminée; il recherchera si cette loi de groupe n'est pas en réalité une loi générale plus évidente dans le groupe étudié, mais se manifestant néanmoins ailleurs. C'est ce que nous venons de faire pour la génération alternante des fougères qui nous a conduits à la notion générale du dimorphisme successif en rapport avec la sexualité.

J'ai qualifié cette notion de générale. En réalité, elle n'est démontrée que chez tous les êtres dans lesquels on a pu compter le nombre des chromosomes au moment des karyokinèses. Jusqu'à nouvel ordre, nous n'avons, par exemple, aucun droit d'affirmer que cette succession de deux états de la substance vivante se vérifie chez les infusoires

ciliés quand ils deviennent sénescents, c'est-à-dire
sexués. A plus forte raison devons-nous faire des
réserves pour le cas des êtres comme les bactéries,
chez lesquels on n'a pas encore constaté sérieusement de maturation sexuelle. Nous énonçons donc
la loi du dimorphisme successif pour les espèces
chez lesquelles on peut compter les chromosomes,
mais, si nous sommes biologistes, nous conservons
l'espoir que cette loi sera reconnue un jour pour
générale et viendra grossir le nombre de celles
qui caractérisent les êtres vivants par opposition
aux corps bruts.

De même, les phénomènes sexuels étudiés chez
les espèces sexuées nous ayant amenés à croire à
une bipolarité fondamentale dans les plus petits
éléments vivants du protoplasma, nous avons une
tendance à penser que cette bipolarité élémentaire
est caractéristique de la vie protoplasmique, et
existe même chez les bactéries où aucune maturation sexuelle d'ensemble n'a encore jamais été
constatée.

Bien entendu, esclave de la méthode scientifique, le biologiste n'énonce la loi découverte que
pour l'ensemble des êtres chez lesquels elle a été
vérifiée, mais il a une tendance à désirer qu'elle se
généralise à l'ensemble des êtres vivants, tandis
que le classificateur est au contraire satisfait, quand
il a trouvé une loi, de pouvoir croire que cette loi
est spéciale, que c'est une loi de groupe. Ainsi,

en présence du même phénomène, l'attitude des naturalistes sera différente suivant qu'ils ont le tempérament de généralisateur ou celui de classificateur.

Évidemment, il y a des lois de groupe; sans cela, tout essai de classification serait illusoire; mais le classificateur est particulièrement séduit par les lois qui caractérisent les groupes restreints; le biologiste s'attache avec amour à l'étude des règles qui concernent des groupes aussi vastes que possible, et aime surtout celles qui peuvent être considérées comme s'appliquant à tous les êtres vivants.

Voici un autre exemple qui montrera l'attitude particulière du biologiste de race en face d'une *exception*.

Les grossières expériences de *mérotomie* ont été faites dans un but tout autre que celui pour lequel les biologistes en ont utilisé les résultats. Prenons ces expériences chez les êtres unicellulaires, les protozoaires, par exemple. On coupe un *stentor* en plusieurs tronçons; quelques-uns meurent; ce sont ceux qui ne contiennent pas de morceau du noyau; les autres vivent; ce sont ceux qui ont un morceau de noyau dans leur protoplasma. Or, on constate que ceux qui vivent reprennent au bout de peu de temps la forme spécifique du *stentor*.

Cette simple observation est infiniment féconde pour le biologiste; nous nous contenterons de signaler ici quelques-unes des conclusions qu'on peut en tirer :

D'abord, chez le stentor[1], le couple (protoplasma-noyau) est indispensable à la vie; ni le protoplasma, ni le noyau, considérés seuls, ne peuvent exécuter l'ensemble des opérations que nous appelons la vie du stentor.

Ensuite, le mécanisme stentor n'est pas un mécanisme d'ensemble comparable à une locomotive, par exemple; si vous coupez une locomotive en quatre morceaux, aucun de ces quatre morceaux ne continue à *locomotiver*. Le fait que des morceaux de *stentor* continuent à *stentorer*, prouve que les ouvriers du *stentorage* sont de dimension plus petite que le stentor lui-même. Le stentor n'est donc qu'une accumulation de petits ouvriers dont le travail d'ensemble est la vie du stentor.

Qu'il y ait une collaboration nécessaire entre les petits ouvriers du protoplasma et ceux du noyau, c'est là une chose très intéressante, mais dont nous ne nous occuperons pas ici.

Le fait sur lequel nous allons nous étendre est

1. Je dis « chez le Stentor » et, c'est en effet l'attitude scientifique, mais les lois observées paraissent si générales que le biologiste aura une tendance invincible à les énoncer sans spécifier l'animal mis en expérience. Cela est dangereux, mais cela présente aussi des avantages pour le chercheur.

la reconstitution de la forme stentor par un tronçon de stentor continuant à vivre. Ce fait signifie que les petits ouvriers du *stentorage*, quoique capables de *stentorer*, même sans faire partie d'un stentor complet, quoique indépendants, par conséquent, de la forme d'ensemble du stentor, ne peuvent s'empêcher, en *stentorant*, de reconstruire cette forme d'ensemble.

Voilà un résultat qui nous paraît intéressant au premier chef, parce que nous le comparons naturellement à beaucoup d'autres faits connus de tous, la reconstruction d'une plante par une bouture, la construction d'un animal par son œuf, la régénération de la queue chez les lézards, etc., nous devinons instinctivement qu'il doit y avoir là une vérité biologique fondamentale.

Nous répétons donc notre expérience en prenant pour sujets, non plus des stentors, mais d'autres espèces de protozoaires; les résultats obtenus nous comblent d'aise; la régénération de la forme par les tronçons nucléés, c'est-à-dire par les tronçons qui restent vivants, se manifeste partout. Nous sentons une loi générale ! Pour la vérifier une fois de plus, nous prenons une nouvelle espèce de protozoaire, la *paramécie*, et nous restons stupéfaits. La paramécie tronquée ne régénère pas la forme spécifique; elle continue de vivre et reste tronquée !

Allons-nous en conclure que notre loi n'est pas

une loi biologique et que, si, chez certaines espèces, il y a un rapport entre la forme du corps
vivant construit et la constitution de la substance
constructrice, chez d'autres espèces, chez la paramécie, en particulier, ce rapport n'existe pas?
La multiplication des paramécies dans les conditions normales de la nature nous empêchera de
nous arrêter à une telle supposition. La substance
de paramécie, contenue dans une paramécie vivante
ordinaire, construit, par son activité propre, un
grand nombre de paramécies semblables à la
première; et, en cela, les paramécies se comportent comme les stentors et comme tous les
autres protozoaires. En tronquant une paramécie,
nous sortons des conditions naturelles et nous ne
savons pas ce que nous faisons; notre intervention
est très grossière. Chez le stentor, cette intervention n'empêche pas la reproduction de la forme, et
cela est heureux, car l'observation du cas du stentor a éveillé chez nous l'idée de l'existence de la
loi morphobiologique générale; mais une fois que
nous sommes en possession de cette idée, nous
constatons qu'elle se vérifie dans tous les cas
d'évolution *normale* des protozoaires, et nous ne
l'abandonnerons pas, même si nous n'en retrouvons
plus l'application dans aucun des cas *anormaux*
que nous créons par une opération chirurgicale
massive. Nous nous dirons seulement que notre
coup de scalpel a détruit chez la paramécie *quelque*

chose qui intervenait dans la réalisation de la forme d'équilibre de l'animal; ce quelque chose, l'activité du protoplasma tronqué ne le reconstruit pas; voilà tout. Une hypothèse permet de comprendre comment cela est possible (ce n'est qu'une hypothèse destinée à nous fournir un modèle mécanique qui satisfasse notre esprit; et si une découverte ultérieure nous montre que cette hypothèse est mauvaise, nous renoncerons à notre modèle sans renoncer à notre loi générale; nous avouerons seulement que nous ignorons la nature du *quelque chose* qui rend persistante la troncature réalisée par la mérotomie). Supposons que tout en construisant la forme de la paramécie, les petits ouvriers de l'assimilation protoplasmique disposent en même temps, au sein de leur ouvrage vivant, une accumulation de substances mortes formant un grillage très résistant. A partir du moment où ce grillage existera, le protoplasma bornera son œuvre constructive à *habiller* de substance vivante le grillage préexistant. En tronquant le grillage par une expérience de mérotomie, vous réduisez les petits ouvriers protoplasmiques à habiller un grillage tronqué et voilà tout.

Cette interprétation prend une importance particulière quand on passe aux animaux supérieurs et qu'on les soumet à des expériences de mérotomie comme les protozoaires. Si vous coupez une patte à un triton, la patte repousse; si vous coupez un bras à un homme, il reste manchot. Et cependant le triton est un vertébré comme l'homme. Bien plus, la grenouille, qui est un batracien comme le triton, ne régénère pas non plus une patte coupée. En conclurez-vous que les animaux se divisent en deux catégories, l'une dans laquelle se vérifie, l'autre dans laquelle ne se vérifie pas le théorème morphobiologique ? Ce serait une erreur volontaire. Vous direz seulement que les expériences de mérotomie, en troublant l'ordre naturel de l'évolution individuelle, n'empêchent pas cependant que, dans certaines espèces, la loi de la construction de la forme se vérifie, mais vous remarquerez que, dans d'autres espèces, votre intervention grossière aura causé des troubles graves ; du protoplasma d'homme, habillant un squelette d'homme manchot, construit un homme manchot, voilà tout ; mais un œuf d'homme, travaillant normalement, construit un homme normal qui a un squelette normal ; les conditions *historiques* réalisées au cours du développement normal ne restent plus les mêmes ensuite, et c'est là ce que prouve la non-régénération du bras de l'homme.

Cette importance du squelette dans la *fixation* des formes des êtres se comprend beaucoup mieux quand on a passé en revue toutes les expériences de mérotomie. Il ne faut pas croire, en effet, que les animaux supérieurs se divisent en deux catégories, dans l'une desquelles les membres coupés se régénèrent tandis que, dans l'autre, ils ne se régénèrent pas. Grâce aux expériences faites sur les embryons des diverses espèces, on est au contraire en droit d'affirmer que, dans une espèce donnée, les troncatures faites sur des individus *assez jeunes* sont suivies de régénération. La différence entre les espèces est seulement dans l'âge auquel cessent ces phénomènes de régénération; chez quelques-unes, ils durent jusqu'à l'état adulte, chez d'autres, ils disparaissent de très bonne heure. Or, on sait que le squelette se développe avec l'âge; notre hypothèse est donc plausible; mais, même si elle cesse de l'être un jour, nous abandonnerons notre hypothèse sans renoncer au théorème morphobiologique. Nous avouerons seulement que nous ignorons la nature des phénomènes surajoutés qui, dans une espèce donnée, masquent la vérification de ce théorème.

Ainsi, l'attitude du biologiste en face d'une exception à une loi qu'il a eu des raisons de croire générale sera opposée de tout point à celle du classificateur. On peut même dire que, de nos jours, alors que la Biologie *est à faire*, tout phénomène observé *dans un seul cas, mais susceptible d'une narration faite en termes généraux*, devra éveiller l'idée d'une loi générale s'appliquant à tous les êtres vivants. Des vérifications ultérieures permettront de juger de l'étendue du groupe dans lequel cette loi est vérifiée, mais, je le répète, si le phénomène observé est susceptible d'une *narration vraiment générale*, le biologiste devra penser, jusqu'à preuve du contraire, que cette narration est l'énoncé d'une loi qui s'applique à tous les êtres vivants. Le flair du biologiste consistera dans la capacité de trouver un énoncé général sous les apparences d'un fait particulier.

*
* *

Ainsi, pour découvrir les lois générales de la vie, il faudra d'abord croire que ces lois existent, croire, en d'autres termes, qu'il y a une Biologie générale. En agissant de la sorte, nous ferons simplement crédit à nos ancêtres qui, instinctivement et sans s'être rendu compte des raisons qui les y poussaient, ont donné le même nom d'êtres vivants à des corps aussi différents qu'un hareng, un escargot, une éponge, un navet. Et si, leur ayant fait crédit provisoirement, nous découvrons des lois d'allure générale qui se vérifient ensuite chez tous les êtres vivants à l'exclusion des corps bruts, l'ensemble de ces lois générales constituera la définition de la vie.

Se fiant au caractère intuitif de l'opération mentale par laquelle nos pères avaient séparé les corps vivants des corps bruts, la plupart des penseurs ont cru qu'il était illusoire de chercher une définition de la vie : « Il n'y a pas, dit Claude Bernard, de définition des choses naturelles. » Cet aphorisme est de l'auteur d'un livre intitulé *Recherches sur les phénomènes communs aux animaux et aux végétaux*. L'auteur ne s'est donc pas aperçu que si de tels phénomènes existent, et s'ils sont communs à tous les êtres vivants à l'exclusion des corps bruts, ils sont précisément la définition de la vie. S'il y a une *Biologie générale*, elle définit la vie, et la distingue de la mort, partout et toujours.

L'intérêt de la Biologie générale n'est pas seulement de nous donner, dans le langage scientifique, une définition de la vie; ce ne serait qu'une satisfaction illusoire et purement verbale. Nous pouvons, par nos études synthétiques, obtenir plus et mieux.

Il nous arrivera, par exemple, de tirer d'un fait bien observé une loi générale relative à l'attitude des êtres vivants par rapport à un certain groupe de facteurs du monde physique. Nous vérifierons la généralité de cette loi en remarquant qu'elle s'applique à des êtres très différents en lutte avec les mêmes facteurs, et il nous sera possible de deviner ce qui, dans le groupe des facteurs physiques considérés, est le véritable agent des réactions observées. Alors, nous devrons prévoir que si les mêmes agents se retrouvent dans *d'autres facteurs physiques* différents des premiers, ces derniers facteurs détermineront, chez les êtres vivants avec lesquels ils entreront en lutte, des réactions du même ordre que celles qui proviennent de l'intervention des premiers facteurs. Nous aurons donc réalisé ce qui est le desideratum de toute science, puisque nous aurons *prévu* certains faits pour avoir étudié des faits différents. Un exemple remarquable de cette généralisation se trouve dans la comparaison entre les activités diastasiques et les rythmes vibratoires; la loi de Bordet se ramène à un phénomène d'imitation, et cela permet un langage général dont l'ampleur est vraiment grandiose. Mais, je ne saurais trop le répéter, ce n'est pas seulement cette satisfaction que nous procure la découverte des lois générales de la Biologie. Dans l'exemple que je viens de signaler, l'utilité de notre généralisation est évidente. Une fois admise, en effet, l'identité d'action des diastases et des rythmes, nous pourrons en profiter pour résoudre des problèmes nouveaux en choisissant nos exemples de la manière la plus avantageuse; un jour il sera préférable, parce que plus simple, d'étudier l'action diastasique et de conclure à l'imitation des rythmes; une autre fois, au contraire, les phénomènes d'imitation des rythmes étant plus évidents, nous partirons de ces phénomènes pour deviner une conséquence cachée des actions bio-diastasiques.

Et en même temps, en constatant que nos déductions ne nous trompent pas, nous en conclurons que notre croyance initiale à l'analogie des rythmes et des diastases est vraiment fondée; l'identité de l'action vitale dans la lutte contre deux facteurs du monde physique nous montrera l'identité, l'analogie tout au moins, de ces deux facteurs physiques. Dans tous les cas nous tirerons grand profit de notre croyance à la généralité des faits biologiques.

Il ne faut pas, d'ailleurs, nous le dissimuler. Cet *acte de foi* que nous exigeons du biologiste dans la recherche des lois générales, les physiciens sont également obligés de le commettre. Un expérimentateur n'a jamais étudié *tous les faits;* il en a étudié un certain nombre, desquels il a tiré une présomption de loi; il constate ensuite que cette loi se vérifie dans un nombre fini d'autres cas, et, comme il croit à l'unité de constitution du monde, comme il croit à l'existence de lois générales, il admet que le principe découvert dans un nombre fini de cas s'applique à tous les autres. Une loi physique, si générale qu'elle nous ait paru depuis sa découverte, n'est donc jamais générale que *sous bénéfice d'inventaire;* nous la tenons pour générale jusqu'au jour où nous aurons trouvé un cas dans lequel elle est en défaut; et alors notre loi générale tombera, dans la hiérarchie, au grade de loi de groupe.

Encore ne concéderons-nous cette dégradation du principe auquel nous avons cru, qu'après avoir recherché si nous ne pouvons pas expliquer sa non-observation dans le cas nouveau étudié, par la concomitance d'autres phénomènes qui masquent. l'application de ce principe. La loi de Mariotte nous fournit à ce sujet un exemple bien intéressant. Cette loi, l'une des plus célèbres de la physique, *ne se vérifie jamais;* et cependant elle répond à une nécessité analytique de première importance; les physiciens ont dû imaginer les *gaz parfaits,* dans lesquels cette loi se vérifierait absolument, et, par des hypothèses plus ou moins compliquées, ils ont essayé ensuite de deviner, dans chaque cas particulier, la loi physique surajoutée à la loi générale, et qui empêche cette loi de se vérifier exactement dans l'espèce gazeuse étudiée.

Il y a des milliers et des milliers d'espèces vivantes, mais le nombre des cas possibles en physique est *infiniment* plus élevé. De plus, toutes les espèces vivantes ont ce caractère particulier que nous les définissons *vivantes* par l'application d'un instinct que nos pères ont acquis en observant la vie sous toutes ses formes accessibles. Nous ne devons donc pas nous attendre à trouver, dans le domaine biologique, des corps qui fassent scandale comme le radium a fait scandale avant qu'on eût reconnu sa désintégration effective. La Biologie a plus de chances d'être générale que la physique, parce que le monde vivant est limité, tandis que le domaine de la physique est infini. Il doit y avoir une *Biologie générale,* mais si on veut la trouver

et en établir les théorèmes, il faut, pendant la
période de construction de cette science, faire
d'abord un acte de foi et croire que cette science
peut exister. Une fois les lois trouvées et groupées
en faisceau, on en vérifiera la solidité à l'user; au
début, il faudra se fier à son flair de biologiste et
oser tirer l'énoncé d'une loi générale de l'observation d'un nombre restreint de faits, voire de
celle d'un seul phénomène, si ce phénomène est
assez suggestif.

La Biologie générale peut donc exister; elle doit
exister si le mot *vie* a une raison d'être. Le plus
grand des physiologistes, Claude Bernard, avait
enterré cette science avant même qu'elle fût
née en énonçant son fameux aphorisme : *la vie c'est
la mort*. La forme paradoxale de cet aphorisme
séduisit les foules; elle les séduit encore.

C'était la négation de la Biologie.

Nous distinguons les corps de la nature en deux
groupes, ceux qui sont vivants et dans lesquels se
manifeste l'activité que nos ancêtres ont appelée
vie, et ceux qui sont bruts ou morts. Claude Bernard prétendit que cette distinction est illusoire,
quand il affirma que les corps du premier groupe,
par cela même qu'ils manifestent leur activité
spéciale de membres du premier groupe, *se clas-
sent immédiatement dans le second !!* Voilà l'absurdité qu'a fait accepter l'autorité d'un grand nom !
On l'enseigne encore en 1912 ! Et qu'on ne vienne

pas dire que c'est là une forme trop concise d'un principe réel que son énoncé trop concis fait mal interpréter; le développement de ce principe dans l'œuvre de Claude Bernard, c'est la loi de *destruction fonctionnelle* qui expose que les êtres vivants se détruisent en fonctionnant et, par conséquent, *se conservent malgré la vie!* Ainsi la vie ne serait pas, ce que l'observation la plus élémentaire montre qu'elle est, *un phénomène qui continue,* mais bien un phénomène que sa manifestation même tend à faire disparaître !

Une opinion aussi contraire à l'observation la plus courante n'a pu sortir que d'une erreur verbale. Elle tient vraisemblablement à l'observation de l'homme et à l'illusion grossière *que l'homme peut vivre sans rien faire*, que l'homme peut exister *au repos*, comme une statue ! Alors le fonctionnement serait surajouté à la vie; il y aurait, d'une part la vie, chose mystérieuse et inobservable, d'autre part le fonctionnement, c'est-à-dire la manifestation extérieure de l'activité de l'être vivant. Une telle interprétation est inadmissible aujourd'hui; l'homme qui paraît le plus immobile fait des échanges avec le milieu, modifie le milieu; il fonctionne donc; seulement, son fonctionnement change à chaque instant, ce qui nous amène à dire qu'il exécute des actes différents, *mais il fait toujours quelque chose.* La seule manière scientifique de définir le fonctionnement, c'est de déclarer que le fonctionnement comprend, à chaque instant, toute l'activité de l'individu. Mais alors, la vie d'un homme n'est qu'une succession de fonctionnements; chaque fonctionnement est une tranche de vie; nous ne pouvons pas distinguer ces deux mots : vivre et fonctionner; c'est bien ce qu'a compris Claude Bernard quand, après avoir affirmé que les animaux se détruisent en fonctionnant, il a traduit cette affirmation dans cette autre : les êtres vivants se détruisent en vivant; ils vivent, c'est-à-dire qu'ils se continuent malgré la vie; la vie c'est la mort!

On a essayé, par respect pour la mémoire du maître, de donner une interprétation plausible de cette formule qui, sous les apparences d'un paradoxe, cache une erreur fondamentale. Il est impossible de faire quelque chose avec rien, dit la science énergétique; donc, du moment que du travail est effectué, il faut que quelque chose se détruise. Ce quelque chose, ce sont les réserves, qui sont mortes[1]. Tout le monde est d'accord là-dessus, mais, en détruisant, en consommant des réserves, la vie *construit* de la matière vivante, et c'est au cours de cette construction, qui est la vie même, qu'elle influence le milieu, ce qui constitue le fonctionnement.

En m'élevant, il y a dix-sept ans, contre cette

1. DASTRE, *la Vie et la Mort.*

néfaste affirmation de Claude Bernard, j'avais cru d'abord que j'eliminais seulement une erreur du champ de la Biologie; je me suis aperçu depuis, que la négation de cette loi erronée était en même temps l'affirmation de la loi biologique fondamentale[1], celle de l'assimilation fonctionnelle. J'ai vu aussi que cette loi, sans être énoncée par Lamarck en termes propres, avait du moins été reconnue dans l'une de ses principales conséquences par celui qui mérite à plus d'un titre d'être considéré comme le père de la Biologie; pour un peu, je dirais que Lamarck a été le seul biologiste du xıx^e siècle, car Claude Bernard a méconnu, Darwin a ignoré ce qui est la base même de la science de la vie. Claude Bernard a voulu conserver à la vie une signification mystérieuse, Darwin a cru que l'on pouvait expliquer l'évolution de la vie par le hasard et sans connaitre les lois de la vie. L'œuvre de ces deux hommes, si grands à d'autres égards, a été, par certains côtés, funestes à la Biologie.

Ce qu'on appelle les deux principes de Lamarck, ce sont précisément des lois de Biologie générale. La première, la loi du développement des organes par l'habitude, est une conséquence de l'assimilation fonctionnelle. La deuxième, si fortement battue en brèche par les naturalistes d'aujourd'hui, est la loi de l'hérédité des caractères acquis par le

1. V. *Éléments de Philosophie biologique.*

fonctionnement prolongé. A la vérité, il y a, dans l'énoncé de cette seconde loi de Lamarck, une affirmation trop catégorique : « Tout ce que la nature a fait acquérir ou perdre aux individus, par l'influence des circonstances où leur race se trouve depuis longtemps exposée, et, par conséquent, par l'influence de l'emploi prédominant de tel organe ou par celle d'un défaut constant d'usage de telle partie, *elle le conserve par la génération aux nouveaux individus qui en proviennent...* » Il serait plus sage de dire : « Elle peut le conserver », car s'il y a sans doute des caractères acquis qui se fixent définitivement dans le patrimoine héréditaire des espèces, il y en a sûrement aussi qui ne durent pas plus que les individus, et qui, s'ils réapparaissent chez leurs descendants sous l'influence des mêmes conditions de milieu, *disparaissent* fatalement dès que ces conditions sont modifiées. Cependant, s'il faut apporter cette restriction au deuxième principe de Lamarck, il faut constater aussi l'admirable flair dont a fait preuve notre grand évolutionniste quand il a ajouté à son énoncé les mots suivants : « ...Elle le conserve par la génération aux nouveaux individus qui en proviennent, *pourvu que les changements acquis soient communs aux deux sexes...* » Il y a là toute une leçon de méthode; on dirait que Lamarck a prévu l'erreur dans laquelle sont tombés, depuis, les néo-darwiniens, erreur qui continue encore à

dominer aujourd'hui toutes les sciences naturelles.
Du moment qu'un caractère est commun aux deux
parents, il passe fatalement aux enfants. Mais alors,
c'est comme si la génération n'était pas sexuée;
c'est comme s'il n'y avait qu'un seul progéniteur!
En faisant cette restriction, Lamarck a donc mis
hors de cause, dans la question de la formation
des espèces, les variations fortuites qui se produisent à chaque fécondation; or, ce sont précisément
ces variations et *elles seules* que les darwiniens ont
retenues comme importantes! Je crois avoir expliqué[1] pourquoi ces variations, au lieu de faire
diverger l'espèce de son type, contribuent au contraire à maintenir les individus au voisinage de ce
type moyen. Il faut, en Biologie, séparer la question sexuelle de la question de l'évolution proprement dite; c'est ce que Lamarck a compris, et c'est
encore une raison pour que son œuvre soit
féconde.

Même réduite aux principes de Lamarck, la Biologie générale existerait. Il suffit qu'il y ait une
loi commune à tous les êtres vivants et à eux
seuls, pour que l'usage du mot *vie* soit justifié et
que, par conséquent, il y ait une science de la vie.
Malheureusement, il n'y a pas qu'une loi biologique; la Biologie est une science compliquée;
c'est même peut-être la plus difficile des sciences.

1. V. *Traité de Biologie.*

Mais il lui est resté, de l'époque où elle n'existait pas, la réputation d'être un ensemble de vérités évidentes, accessibles à tous les hommes de bon sens; et c'est pour cela que tant de gens, qui n'oseraient pas discuter une proposition de Physique sans avoir étudié la Physique, se permettent d'avoir des opinions biologiques sans avoir étudié la Biologie. Les biologistes se croient obligés de perdre leur temps à discuter leurs « arguments » (??), et acceptent trop souvent ainsi des problèmes mal posés; la manière dont sont posés les problèmes a, dans toutes les sciences, une importance considérable; elle en a en Biologie, plus que partout ailleurs; il ne faut pas croire que la Biologie ait pour objet de répondre aux questions que se pose une multitude ignorante; une partie de l'œuvre du biologiste consiste précisément à poser, comme il convient, les problèmes qui sont du ressort de la Biologie.

Une autre raison qui fait que tous les hommes se croient en droit d'avoir une opinion dans les questions de Biologie, c'est que la solution de ces questions intéresse tous les hommes parce qu'ils sont vivants. Pour obvier au danger qui résulte de cet état de choses, il faudrait, pendant un certain temps, pendant que se constitue la Biologie générale, laisser à nos congénères l'illusion à laquelle ils tiennent tant et dont ils sont si fiers, de se considérer comme différant *essentiellement* des

autres animaux. Alors, n'ayant pas à être humiliés
des découvertes de la Biologie, ils les accepteraient
sans murmurer, comme ils font pour celles de la
Physique. La Biologie, science objective ayant
pour but de rechercher les lois communes à tous
les animaux et à tous les végétaux, se construirait
ainsi aisément, sans avoir à lutter contre des passions et des idées préconçues. Et une fois qu'elle
serait construite, on s'apercevrait bien vite qu'elle
s'applique à l'homme comme aux autres espèces;
mais alors, ce serait si clair, qu'on ne perdrait
plus son temps à discuter des vérités scientifiquement établies...

*\
* *

Ayant passé en revue toutes les considérations
précédentes, on se demandera peut-être si la Biologie est une science inductive ou une science
déductive. Je crois qu'il est sage de ne plus attribuer
aux deux mots induction et déduction des signifi-
cations absolument opposées, ainsi qu'on a eu
longtemps l'habitude de le faire. Sans doute, si le
biologiste est amené à énoncer une loi générale
après avoir observé un fait particulier, il se livre à
l'opération que les philosophes appellent une
induction. Il y a forcément des inductions dans la
construction d'une science quelle qu'elle soit; mais
ces inductions ne se font pas au hasard et sans
raisonnements déductifs. De l'observation on est

conduit à l'hypothèse par le raisonnement, à l'induction par des déductions. Une fois la science
constituée, les principes étant établis d'une manière
absolue, on s'en sert pour prévoir l'avenir dans
des cas particuliers, et alors on fait uniquement
des déductions. L'induction (accompagnée de raisonnements déductifs) caractérise la période de
formation d'une science; la déduction pure est
l'apanage des sciences faites; en affirmant que la
Biologie générale est une science déductive, on
veut simplement dire qu'elle contient déjà des
parties solidement établies. Nous ne nous deman-
derons donc pas désormais si elle est une science
inductive ou une science déductive; nous nous
contenterons d'affirmer qu'elle est une science
tout court, une science d'observation il est vrai,
mais aussi, quoi qu'en pensent les naturalistes,
une science de raisonnement.

CHAPITRE II

L'Individu contre l'Univers.

DÉFINITIONS. — LES CONQUÉRANTS D'ESPACE

Tout être vivant occupe une place dans le monde; cette place, envisagée à un moment précis, est limitée par une surface fermée qui divise l'Univers en deux parties distinctes :

1° Ce qui est à l'intérieur de la surface;

2° Ce qui est à l'extérieur. de cette surface fermée, c'est-à-dire le monde entier sauf l'espace limité par la surface en question.

Au moment considéré, on donne le nom de *forme* de l'être considéré à la forme géométrique de sa surface limitante; c'est là la *forme extérieure* de l'être; nous serons amenés ultérieurement à généraliser la notion de forme et à employer le même mot forme pour d'autres particularités également remarquables de la structure des individus.

Au premier abord, il semble que cette notion

de forme extérieure ne soit pas spéciale à l'être vivant. Un corps solide quelconque a une forme extérieure, qui divise l'Univers en deux parties : le contenu de la surface limitante et ce qui est en dehors de cette surface. Mais entre le corps solide et le corps vivant, il y a, au point de vue de la forme, une différence fondamentale :

Le contenu *matériel* de la surface limitant un cristal, par exemple, est *matériellement* séparé du monde qui l'entoure. A deux moments différents de son existence, un cristal au repos est composé du même nombre des mêmes atomes matériels; si le contenu de ce cristal est le siège de mouvements divers à l'échelle atomique, à l'échelle des vibrations lumineuses ou calorifiques, les atomes composant la substance de ce cristal ne sortent pas pour cela du contour limitant ce corps solide; entre le contenu de ce contour et l'extérieur, il n'y a pas d'échange de matière, pas d'échange d'atomes. Le contenu du cristal forme une masse de matière vraiment isolée du monde ambiant au point de vue matériel. Je ne parle bien entendu que du point de vue matériel, car un cristal est ordinairement sans cesse le siège d'échanges vibratoires avec le milieu; il est pénétré par les vibrations lumineuses ou calorifiques, mais sans échange de matière. Si, après avoir observé un cristal au repos, on s'en écarte quelque temps, on reconnaîtra le cristal en le retrouvant; on remarquera qu'il est identique à lui-même au point de vue matériel, et on saura que cette identité est due, entre autres raisons, à ce que le cristal est composé des mêmes atomes que la première fois.

Au contraire, si l'on étudie un corps vivant en train de vivre (nous parlerons toujours des êtres vivants en train de vivre; les êtres vivants qui sont susceptibles de vivre, mais qui peuvent rester quelque temps au repos chimique appelé vie latente, sont, pendant cette période de vie latente, comparables à des corps non vivants), si donc, dis-je, on étudie un corps vivant en train de vivre, on constate au contraire *toujours* que le contenu de ce corps vivant est *sans cesse* le siège d'échanges matériels avec le milieu; ces échanges peuvent passer inaperçus pour un observateur non averti; ils n'en existent pas moins toujours; ce sont les échanges alimentaires. (Je comprends sous cette dénomination générale les échanges respiratoires, excréteurs, etc., qui ne diffèrent pas essentiellement de ce que les physiologistes appellent plus particulièrement échanges alimentaires.)

Lors donc qu'on reconnaît un corps vivant après l'avoir quitté quelques instants, on sait, sans avoir le droit d'en douter, que ce corps vivant n'est plus composé des mêmes atomes que la première fois; on le reconnaît cependant, et, dans beaucoup de cas, surtout si l'absence n'a pas été trop prolongée, on ne constate même aucune différence appréciable entre les deux états successifs du même corps vivant. De là l'erreur, longtemps accréditée, que le corps vivant est comparable à un corps solide au repos; en réalité, il est le siège d'un échange incessant d'atomes, mais son apparence statique peut entraîner et a effectivement entraîné bien des biologistes à des raisonnements faux.

On pourrait, devant cette constatation d'une forme qui reste sensiblement constante malgré des échanges matériels incessants, songer à comparer le corps vivant à une bouteille percée dans laquelle le liquide se renouvelle sans cesse en gardant la même forme, celle de la bouteille. Et en effet, pour certains êtres vivants, le squelette conjonctif inerte peut sembler jouer un rôle analogue à celui de la bouteille qui impose sa forme à un contenu liquide. Mais si l'on choisit bien ses exemples, si l'on s'adresse notamment à certains Infusoires ciliés du groupe des Hypotriches, on est bien obligé de renoncer à cette comparaison. Là, en effet, le squelette est tellement peu important qu'il joue un rôle à peu près nul dans la conservation de la forme générale du corps; si cette forme se conserve donc, malgré un échange matériel incessant, le phénomène n'est pas comparable à ce qui se passe au sein d'une bouteille percée dans laquelle un robinet ferait sans cesse le plein, mais bien plutôt à ce que l'on observe quand on étudie un bec de gaz qui continue de brûler dans des conditions constantes.

La forme de la flamme ne change pas, et cependant son contenu se renouvelle à chaque instant; la flamme est à chaque instant le siège d'un phénomène, la combustion, dans l'air, du gaz arrivant par le tuyau, phénomène qui, dans les conditions considérées, *crée* à chaque instant la forme de la flamme. De même, le corps de l'être vivant dépourvu de squelette solide est le siège d'un phénomène, la vie, qui, dans les conditions considérées, construit à chaque instant la forme de l'être vivant.

Nous voilà immédiatement aux prises avec ce phénomène remarquable : la vie constructrice de forme; et nous devrions pouvoir nous arrêter dès maintenant à cette manifestation de l'activité vitale. Malheureusement, notre langage est analytique, et nous devons décomposer artificiellement cette merveille prodigieusement *une* qu'est la vie; nous devons nous placer successivement à des points de vue très spéciaux et très restreints; mais nous devinons d'avance que nous ne ferons ainsi qu'étudier l'un après l'autre les divers aspects d'un *même* phénomène; nous ferons ensuite l'étude synthétique des choses en jetant un coup d'œil en arrière.

En ce moment donc, au lieu de nous arrêter à la fonction *morphogène* de la vie, nous nous bornons à tirer de notre comparaison avec la flamme cette conclusion de première importance, que la vie est un *conquérant d'espace*.

La flamme, ne produisant que des gaz, n'a pas de cadavre; dès que l'une des conditions du phénomène flamme se trouve supprimée, la flamme s'éteint, c'est-à-dire qu'elle disparaît sans laisser de trace morphologique. Au contraire, la vie, produisant des corps colloïdes plus ou moins résistants, laisse d'ordinaire, quand elle cesse, un cadavre plus ou moins durable suivant les cas. Si cependant on tue un Infusoire hypotriche, sous le microscope, en faisant pénétrer de l'ammoniaque sous la lamelle couvre-objet, le corps de l'animal disparaît dès qu'il meurt, comme disparaît la forme d'une flamme quand elle s'éteint. C'est là le vrai phénomène de la mort, quoiqu'il soit exceptionnel. En général, l'être qui meurt laisse un cadavre, et ce cadavre A L'AIR d'être le corps vivant. De là une erreur courante qui a joué un rôle néfaste en Biologie.

Nous ne disons pas que la flamme est un corps; nous disons que c'est un phénomène. Au contraire nous disons que l'être vivant est un corps; nous devrions dire que c'est un phénomène, comme nous faisons pour la flamme; à chaque instant, ce que nous appelons le corps vivant, en train de vivre, c'est un phénomène, la vie, qui *occupe* activement l'espace limité par le contour du corps;

en d'autres termes, le phénomène vital *conquiert* à chaque instant l'espace qu'il occupe dans le monde. Tandis qu'on peut dire, à un certain point de vue, que la substance *or* possède paisiblement l'espace limité par le contour d'une pièce de 20 francs, le phénomène vie conquiert sans cesse le volume actuel de l'être vivant, comme le phénomène combustion conquiert sans cesse l'espace occupé par la flamme. Si la vie cesse, si la flamme s'éteint, les espaces conquis par le phénomène vie et le phénomène flamme sont *immédiatement* occupés par d'autres phénomènes différents qui se substituent aux premiers. Cela est plus évident pour la flamme que pour la vie, à cause du cadavre qui *a l'air* de continuer l'être vivant, mais qui en diffère essentiellement malgré les apparences.

Nous verrons que la vie, comme la flamme, peut conquérir des espaces croissants dans certaines conditions. Le fait que l'occupation du contour du corps vivant est une conquête incessante du phénomène vie, suffit à nous permettre de classer immédiatement la vie parmi les conquérants d'espace. Nous verrons même plus tard que la vie seule mérite absolument cette dénomination de conquérant d'espace; la notion élémentaire que nous avons acquise dès maintenant nous montre l'intérêt primordial de l'étude des divers facteurs capables de conquérir l'espace, car ces facteurs

seront naturellement en lutte avec la vie partout
où ils se rencontreront avec elle.

LA DIFFUSION

La vieille formule « La nature a horreur du
vide » n'est que la constatation de l'existence très
générale de conquérants d'espace dans le monde.
Dès qu'un corps solide, en se déplaçant, laisse
vacant l'espace qu'il occupait, cet espace est immédiatement envahi par des conquérants d'espace
qui sont à l'affût de toutes les places disponibles.
Sans cela, en retirant un corps de sa place, on y
laisserait un trou, un vide. Et l'on peut dire, sans
craindre de se tromper, que les facteurs conquérants
qui prennent possession de l'espace vide dès qu'il
devient libre, s'efforçaient d'y pénétrer, quand il
n'était pas vacant. Le corps solide que nous
déplaçons était baigné par un liquide ou par un
gaz. Dès que nous enlevons ce corps solide, sa
place est occupée par ce liquide ou ce gaz, mais
auparavant, le liquide ou le gaz exerçaient sur la
surface du corps solide des pressions que nous
pouvons appeler, dans un langage imagé, des
efforts pour pénétrer le contour de ce corps; ce
sont ces pressions qui déterminent la poussée
constatée par le principe d'Archimède. La théorie
cinétique des gaz fait aisément comprendre à notre

imagination qu'un gaz arrive fort vite à occuper d'une manière homogène, et dans son entier, en exerçant des pressions sur ses parois, le ballon de verre dans lequel nous le laissons pénétrer. C'est le phénomène de la diffusion des gaz.

Quand deux liquides sont miscibles, ou, ce qui revient au même, solubles l'un dans l'autre, chacun d'eux arrive bientôt, par diffusion, à occuper le volume complet du plus étendu d'entre eux, du moins quand ce volume est restreint. Versez une goutte de vin dans un verre d'eau; au bout de fort peu de temps, le vin sera uniformément réparti dans l'eau. De même si, au lieu d'un liquide, vous versez dans un verre d'eau un solide soluble, une petite quantité de bleu de méthylène en poudre, par exemple, la substance bleue se répand par diffusion dans toute la masse de l'eau. Ainsi, par diffusion, un corps soluble tend à conquérir tout l'espace qui lui est offert sous forme d'une masse liquide continue; la théorie cinétique des liquides explique fort simplement ce phénomène.

Plusieurs corps différents peuvent, s'ils sont solubles dans l'eau, occuper à la fois, chacun pour son compte, tout le volume d'eau mis à leur disposition. Et s'ils sont inactifs chimiquement les uns par rapport aux autres, ils peuvent coexister ainsi, intimement mêlés dans le véhicule commun. Évidemment, s'ils peuvent réagir les uns sur les autres, ils le feront d'autant mieux que, par dissolution, ils seront entrés plus intimement en contact les uns avec les autres, d'où l'ancien adage : *Corpora non agunt nisi soluta*[1].

On peut transformer cette formule en disant que les corps chimiques dissous dans un même véhicule s'attaquent les uns les autres au cours de la conquête qu'ils font, par diffusion, de l'espace qui leur est offert. Mais précisément, le fait que, lorsqu'ils sont sans action chimique les uns sur les autres, des corps différents peuvent occuper intégralement le même espace, nous prouve que la conquête d'espace réalisée par chacun d'eux n'est pas absolue. Et, en effet, on dit couramment qu'un corps soluble, conquérant par diffusion un liquide donné, se *dilue* en se diffusant ; il perd donc une de ses qualités primitives, sa concentration, et la conquête qu'il fait n'est pas comparable à celle d'un corps vivant qui, lorsqu'il a doublé, a imposé tous ses caractères constitutifs sans exception à un espace double de celui qu'il occupait primitivement. La théorie atomique nous donne un modèle fort simple du phénomène de diffusion des corps dissous. Si, dans un même récipient, nous mélangeons des petits pois, des haricots et des lentilles, nous pourrons, par brassage, obtenir une répartition à peu près homogène de ces trois sortes de graines: mais l'espace réellement occupé par cha-

---

1. En réalité, la solution n'est ici que l'une des conditions pouvant réaliser le *contact* réel des réactifs.

cune des espèces végétales sera le même exactement qu'avant le brassage. C'est parce que nos yeux ne voient pas les atomes séparément que le phénomène de diffusion dans un véhicule liquide nous donne l'impression d'une conquête absolue d'espace ; il n'y a en réalité que conquête apparente par *dilution*.

LE RAYONNEMENT

A côté de la diffusion matérielle qui, nous venons de le voir, réalise seulement une conquête apparente de l'espace, nous trouvons le rayonnement des mouvements vibratoires qui, à un autre point de vue, réalise également une conquête incomplète des espaces disponibles.

Quand un diapason vibre sur une table, son mouvement rythmique conquiert fatalement tout l'air de la chambre ; la preuve nous en est fournie par le fait que, en un point quelconque de la chambre, notre oreille perçoit le son du diapason avec toutes ses qualités physiques personnelles, sauf l'intensité qui varie en sens inverse du carré de la distance. Il y a donc conquête de l'espace par le rythme du diapason, mais j'insiste sur le fait que cette conquête est uniquement physique. Des corps chimiquement très différents les uns des autres peuvent épouser, par résonance, la forme du mouvement du diapason, mais cela ne les empêche pas de conserver en général leur structure personnelle antérieure.

Le même phénomène se produit quand un mouvement lumineux, se propageant à travers l'éther, impose son rythme personnel à des objets très variés; là encore, l'intensité du mouvement varie en raison inverse du carré de la distance; là encore, la structure chimique des objets est ordinairement respectée par le phénomène vibratoire (sauf dans le cas des substances dites photographiques); les murs d'une chambre deviennent bleus pendant qu'on les éclaire avec de la lumière bleue, mais ils ne sont pas modifiés pour cela dans leur nature, et ils redeviennent ce qu'ils étaient précédemment dès que l'éclairement cesse.

Le rayonnement, tant lumineux que sonore, réalise donc une conquête physique de l'espace, mais respecte ordinairement la structure chimique des corps qui y sont plongés.

LES FERMENTS SOLUBLES OU DIASTASES

Il existe, dans la nature, des corps qui peuvent être considérés comme réunissant les deux propriétés étudiées dans les paragraphes précédents, savoir la diffusion et le rayonnement; ce sont les diastases ou ferments solubles. Leur nom de ferments *solubles* suffit à indiquer que l'on a reconnu à ces corps la propriété de diffusion. Une étude attentive de leurs propriétés conduit à leur attribuer en outre un rythme personnel qui est une condition de leur existence. A vrai dire, ce rythme personnel ne se manifeste pas directement à l'observateur comme celui de la lumière ou du son. C'est par ses effets sur certains corps que l'existence de ce rythme s'est fait connaitre [1].

Les ferments solubles ou diastases appartiennent à la catégorie des corps que l'on a appelés *colloïdes* parce qu'ils ressemblent, par quelques-unes de leurs propriétés, à une solution de colle. On a pu reconnaitre que le mot *solution* n'a pas le même sens quand il s'agit des colloïdes et quand il s'agit des substances de la chimie ordinaire. Alors que, dans une solution de sel marin par exemple, on doit considérer que l'espace occupé par la solution contient, uniformément réparties dans cet espace

1. Les vues d'ensemble que je propose ici relativement à la nature des diastases et des colloïdes m'ont été suggérées par l'observation des réactions qui se produisent entre ces corps et les corps vivants, bien plus que par des considérations purement physiques. Quand on veut tirer de l'étude de certains corps des conclusions *biologiques*, il est tout indiqué de caractériser plus particulièrement les corps en question par leur attitude vis-à-vis des corps vivants. La généralité des résultats que nous allons obtenir montrera que, si l'étude des colloïdes est indispensable à l'étude de la vie, l'étude de la vie est, réciproquement, très féconde pour la compréhension des colloïdes.

et séparées les unes des autres, les molécules
mêmes du sel, il faut admettre que la diffusion
de la colle dans l'eau répartit dans ce véhicule
liquide, non pas les molécules mêmes de la colle,
mais des particules d'un ordre de grandeur beaucoup plus considérable que celui des molécules.
Ces particules sont de petits édifices ayant une
structure assez nettement définie pour que les liaisons réalisées entre leurs diverses parties leur
assurent des propriétés vibratoires très personnelles.

On sait en effet que le rythme vibratoire d'un
corps dépend étroitement des liaisons de ce corps.

Quand un point matériel lié à un ensemble est,
sous l'influence d'une cause extérieure de trouble,
écarté de sa position de repos, il est rappelé par
ses liaisons vers cette position de repos, du moment que la cause extérieure de trouble n'a pas
été assez violente pour rompre les liaisons du système, auquel cas il y aurait modification structu-
rale. Revenant vers sa position de repos, il acquiert
une certaine vitesse qui la lui fait dépasser; il s'en
éloigne donc jusqu'à une certaine distance, puis
revient sur ses pas, et ainsi de suite; c'est là la
formule de tous les mouvements vibratoires.

La forme d'un mouvement vibratoire est déterminée dans tous ses détails par les liaisons qui le
nécessitent, sauf en ce qui concerne l'amplitude
ou intensité de ce mouvement (cette dernière

qualité provient de la valeur de la cause de trouble qui a mis le mouvement en branle). Par exemple, la structure d'un diapason détermine la hauteur et le timbre du son qu'il rend, mais ce son est plus ou moins fort suivant que le choc qui l'a mis en branle était lui-même plus ou moins violent.

Les particules des colloïdes ont des structures nettement définies, c'est-à-dire des liaisons de construction qui leur imposent un rythme personnel chaque fois qu'une cause extérieure de trouble intervient; or, on doit penser que, dans la nature où rien n'est au repos, des causes de mise en train du mouvement vibratoire se présentent sans cesse. Quoi qu'il en soit, il faut penser que, manifesté ou non par une mise en train, le rythme vibratoire personnel de la particule colloïde est une condition de son existence même, puisqu'il résulte de ses liaisons structurales. Dans une solution homogène de colle, on doit se dire qu'il existe des milliers de particules vibrant à l'unisson et se transmettant par conséquent de l'une à l'autre, à travers le liquide appelé solvant, des résonances qui ne se contrarient pas.

Deux colloïdes différents peuvent coexister dans un même liquide, sans s'influencer l'un l'autre, quand il n'y a pas antinomie entre leurs rythmes respectifs. On sait d'ailleurs que le même fluide peut transmettre en même temps des sons très différents. Ces sons se superposent sans se contrarier.

Mais, dans certains cas, il y a incompatibilité entre les rythmes personnels de deux colloïdes; l'un d'eux s'impose à l'autre et le détruit; on dit alors que le premier a joué le rôle d'une *diastase* par rapport au second; tel est, par exemple, le cas de la présure pour le lait.

Bien entendu, pour que deux rythmes puissent se contrarier, il faut qu'ils soient de la même échelle de grandeur. On n'aurait pas idée de se demander si un rythme lumineux peut influencer directement un rythme sonore. De même, il est tout naturel que les rythmes colloïdes agissent sur les rythmes colloïdes, mais n'influencent pas, *directement au moins*, les phénomènes de l'échelle moléculaire ou chimique. Dans tous les cas, il faut que les ennemis soient à peu près de la même dimension.

On ne saurait nier cependant que des actions vraiment chimiques soient parfois le résultat de l'intervention d'une diastase colloïde; mais alors, ces actions sont des répercussions. Il y a d'abord une simple destruction de la particule colloïde sous l'influence d'une diastase dont le rythme est incompatible avec le sien; mais il se trouve que les molécules chimiques composant les particules colloïdes ne peuvent rester ce qu'elles sont, à moins d'être agglomérées précisément de manière

5.

à former ces particules. Autrement dit, dans le colloïde considéré, il y a des relations nécessaires et réciproques entre l'état chimique des molécules constitutives et l'agglomération particulaire ; alors, par un effet secondaire, la destruction diastasique de la particule entraîne la modification des molécules chimiques qui la constituent.

Ces phénomènes élémentaires sont très importants pour l'étude de la vie, parce que les substances vivantes sont à l'état colloïde ; c'est ce que l'on exprime souvent en disant que les êtres vivants sont formés de *protoplasma*. En réalité, il y a autant de protoplasmas que d'espèces vivantes, mais tous ces protoplasmas ont en commun certaines particularités d'état colloïde.

On conçoit donc que l'un des problèmes les plus importants de la Biologie sera de savoir, étant donnés deux rythmes colloïdes : 1° si ces rythmes peuvent coexister sans se troubler ; 2° lequel l'emportera sur l'autre dans le cas où ils sont incompatibles. Il y aura donc une lutte de rythmes à l'échelle colloïde ; mais nous avons vu aussi qu'un agent chimique peut quelquefois intervenir indirectement dans la stabilité d'un colloïde ; de même, une vibration sonore ou lumineuse peut avoir une action. Ainsi, les divers conquérants d'espace que nous avons passés en revue, conquérants par diffusion ou conquérants par rayonnement, pourront entrer en lutte avec les colloïdes, ce qui n'est pas étonnant puisque lesdits colloïdes nous ont paru être à la fois des conquérants par diffusion et des conquérants par rayonnement.

Une dernière remarque complétera les notions qui nous sont nécessaires relativement aux colloïdes ; c'est que la conquête par rayonnement est limitée, pour un colloïde, à l'espace que ce colloïde conquiert par diffusion[1]. En d'autres termes, le rayonnement colloïde ne sort pas du liquide appelé *solvant* dans lequel s'éparpillent ses particules ; deux colloïdes ne peuvent agir l'un sur l'autre que s'ils sont présents dans un même milieu liquide continu.

LES CORPS VIVANTS

Réduits à leur plus simple expression, les corps vivants sont de petites masses protoplasmiques continues baignant dans un liquide aqueux qui contient en suspension d'autres colloïdes. Ces petites masses protoplasmiques continues s'appellent plastides ou cellules. Quelques-unes d'entre elles sont limitées par une enveloppe de substances inertes, par une croûte qui est un résultat de leur

1. Ceci n'est vrai que pour les colloïdes non vivants. Nous verrons que, dans l'opinion de certains savants, les protoplasmas peuvent rayonner des rythmes colloïdes en dehors des limites de leur corps protoplasmique, mais cela tient à ce que les protoplasmas sont en continuité de solvant avec le milieu extérieur, et ainsi, l'exception n'est qu'apparente.

activité même, mais il y en a de *nues;* ce sont les
plus simples pour notre étude. Dans ces cellules
dépourvues d'enveloppe inerte, il y a *continuité de
substance aqueuse* entre le protoplasma vivant et le
liquide ambiant. Cela n'empêche pas que la cellule
soit nettement limitée par son contour, mais cela
permet que des *interactions* d'ordre colloïde se
produisent sans cesse entre le protoplasma et le
milieu, puisqu'il y a continuité du milieu aqueux.
On pourrait, en quelque sorte, dire que la cellule,
masse protoplasmique continue, est formée de particules colloïdes, comme les particules colloïdes sont
elles-mêmes formées de molécules, au sein du
solvant. La cellule serait seulement un édifice de
dimension supérieure, mais la continuité aqueuse
existerait à toutes les échelles, entre le contenu
et le contenant de la cellule. Ainsi, des réactions
d'équilibre se produiraient sans cesse entre le
corps protoplasmique et les colloïdes baignant dans
le même liquide, parce que ces colloïdes sont en
continuité aqueuse avec le protoplasma.

Ceci, dans le cas le plus simple des êtres vraiment nus.

Dans le cas ordinaire des cellules entourées par
une membrane ou une croûte, la continuité aqueuse
s'établit nécessairement par osmose, entre le protoplasma et le milieu. Cette continuité aqueuse
est une des conditions essentielles de la vie.

Chez les animaux supérieurs, qu'ils vivent dans

l'air ou dans l'eau, le corps est entouré d'une *peau*, sac de cuir imperméable ; aussi, les échanges avec le milieu sont-ils limités à des points particuliers de l'organisme (intestin, poumon, surfaces sensorielles). Mais dans le *milieu intérieur* contenu dans ce sac, les cellules constituant l'animal sont en relation de continuité aqueuse avec les colloïdes qui constituent ce milieu. Ainsi s'explique la possibilité, la nécessité de réactions d'équilibre entre les diverses cellules de l'organisme, puisque ces cellules baignent dans le même milieu aqueux.

Un exemple familier de la continuité permettant des réactions constantes entre le protoplasma et le milieu aqueux qui le baigne nous est fourni par la levure de bière vivant dans le moût de bière. La levure vit et s'accroît aux dépens du moût, et, dans le même temps, sous l'influence des cellules de levure vivant à son intérieur, le moût se change en bière. Ce phénomène, analysé avec soin, contient presque toute la Biologie. Il en est de même d'ailleurs de n'importe quel exemple choisi au hasard ; le tout est que cet exemple soit facile à étudier dans ses détails.

LES THÉORÈMES FONDAMENTAUX

Ces définitions posées, ces constatations faites, il va être facile d'entrer de plain-pied dans l'étude des phénomènes vitaux, d'établir l'énoncé des théorèmes fondamentaux de la Biologie. Les seules difficultés seront : 1° de choisir l'ordre dans lequel ces théorèmes devront être passés en revue; 2° de libeller les énoncés de ces théorèmes de manière à ce qu'ils s'appliquent vraiment, et sans restriction, à tous les phénomènes biologiques, quels qu'ils soient. Le travail préparatoire qui m'a conduit à choisir l'ordre et les énoncés adoptés dans cet ouvrage a été exposé dans mes autres livres. Je me contente donc de les présenter ici, comme on fait dans les traités de géométrie. Il faudra ensuite démontrer que les théorèmes sont généraux, c'est-à-dire que les exceptions apparentes ne sont qu'apparentes.

Je dois faire encore une remarque avant d'entrer dans le sujet. Nous sommes, à notre époque, bien peu avancés dans l'étude des colloïdes et des diastases. J'ai donné, dans les pages précédentes, un modèle général des actions diastasiques, et quoique ce modèle m'ait été suggéré par la comparaison de tous les faits que nous connaissons aujourd'hui dans ce champ de la recherche scientifique, je ne saurais me dissimuler qu'il contient une large part d'hypothèse. Mais ce modèle ne servira qu'à nous fournir un langage concret et commode. Les théorèmes que je vais démontrer en me servant de ce langage concret seront indépendants de la valeur même du langage employé;

ils resteront vrais, même si l'on démontre que
l'activité diastasique est différente de ce que j'ai
supposé dans les pages précédentes; le langage
adopté n'aura servi qu'à empêcher les lecteurs
de se noyer dans des abstractions, en leur fournissant un modèle provisoire facile à se représenter par l'imagination.

THÉORÈME I

**Le résultat de la lutte entre un corps vivant considéré
à un moment donné de son existence et les conquérants d'espace qui l'entourent et l'assiègent à ce
moment précis est personnel par rapport au corps
vivant.**

Cette proposition est évidente quel que soit le
corps vivant étudié, pourvu, bien entendu, que ce
corps vivant continue de vivre au moment où on
l'étudie; mais cette restriction n'a pas à être
exprimée, puisque la Biologie ne s'occupe que des
corps vivants en train de vivre. L'énoncé de ce
théorème signifie seulement que la vie est un
phénomène qui continue; cet énoncé est préférable
à celui qui caractérise la vie par l'assimilation pure
et simple, car il est plus général et plus rigoureux.
Si, en effet, l'on exprime ce résultat capital de
l'observation biologique en disant que l'être A
assimile le milieu, cela veut dire, rigoureusement,

que, pendant la durée de l'observation, A a construit, aux dépens du milieu, de la substance *idén-
tique* à la sienne propre. Or, on sait que l'assimilation rigoureuse est extrêmement rare dans la
nature, et qu'il s'y superpose ordinairement des
phénomènes secondaires; l'assimilation pure et
simple ne représente donc qu'une partie du phénomène; c'est la partie essentielle, sans doute; c'est
la partie caractéristique de la vie; mais en énonçant le théorème de l'assimilation pure et simple
on est conduit, soit à faire débuter la Biologie par
une *loi approchée*, ce qui serait déplorable au
point de vue de la rigueur des déductions ultérieures, soit à employer dès le début une méthode
analytique, à décomposer le phénomène vital en
plusieurs phénomènes superposés, et à renoncer,
par conséquent, à étudier la vie comme un ensemble
unique.

L'énoncé auquel j'ai été conduit me paraît absolument rigoureux, et conforme à la réalité dans
tous les cas. Il n'exprime pas l'assimilation absolue
dans son intransigeance inadmissible, et il contient
cependant l'affirmation de la quantité d'assimilation sans laquelle il n'y a pas de vie. Si A_1 et A_2
sont deux corps vivants différents, placés en présence du facteur B, le résultat de la lutte d'A_1 sera
personnel à A_1; celui de la lutte d'A_2 sera personnel à A_2. Cela ne veut pas dire que A_1 aura construit rigoureusement de la substance identique à

la sienne, ni que A_2 aura fait la même chose, mais
que ce qu'A_1 a fait, A_2 n'aurait pu le faire, étant
différent de A_1; que, par certains côtés, le résultat
de la lutte de A_1 contre B ressemblera plus à A_1
qu'à tout autre être vivant différent de A_1; que,
en d'autres termes, la série des états d'un même
individu A_1 sera différente de la série des états
d'un autre individu A_2, comme sont différentes,
en géométrie analytique, deux courbes qui sont
représentées par deux équations différentes. Si
l'on prend, sur une courbe quelconque, deux segments successifs, ces deux segments ne seront pas
en général identiques, comme ils le sont pour une
droite ou un cercle dont les courbures sont constantes, et cependant ils se ressembleront, à un
certain point de vue, plus que deux segments
quelconques pris à deux courbes différentes, car
ils auront en commun tout ce qui est contenu dans
l'équation de la courbe. On sait que deux courbes,
ayant des équations vraiment différentes, ne peuvent jamais coïncider le long d'un segment *fini*.
La vie d'un individu sera, à un certain point de
vue, comparable à une courbe représentée par une
équation, en ce sens que tout ce qui se passera
dans l'individu sera, à chaque instant, personnel à
l'individu; on reconnaîtra, dans chacun des actes
successifs, dans chacun des fonctionnements successifs qui constituent la vie de l'individu, ce qu'on
peut appeler l'*équation personnelle* de l'individu.

Ce que Pierre a fait, Pierre seul pouvait le faire, au sens rigoureux du mot. Paul pouvait faire, dans les mêmes circonstances, quelque chose d'analogue; il ne pouvait faire quelque chose d'identique.

Si Pierre et Paul sont de la même espèce A, il y a quelque chose de commun à ce qu'ils font en présence du facteur B; dans leur attitude personnelle il y a une part qui est spécifique, c'est-à-dire commune à toutes les personnes de la même espèce; et ce sera même là le point de départ de la définition de l'espèce[1].

En résumé, ce que fait un être vivant à un moment donné, ressemble plus à cet être vivant qu'à tout autre être vivant, si l'on se place à un certain point vue. C'est ce qu'exprime le théorème en disant que le résultat de l'activité de A est personnel par rapport à A.

REMARQUE

Pour que le théorème précédemment posé fût général, il a fallu renoncer à introduire, dans son

---

1. De même, en géométrie analytique, il y a quelque chose de commun à toutes les ellipses, savoir la propriété d'être des ellipses, individus *différents* d'une *même* espèce géométrique; il n'y a entre les équations des diverses ellipses rapportées à des axes bien choisis, que des différences quantitatives ou différences de coefficients.

énoncé, l'idée de conquête d'espace[1]. Il y a en effet des cas où les êtres vivants, dans l'état de décrépitude qui conduit à la mort, et quoique étant nécessairement encore considérés comme vivants, subissent un amoindrissement progressif sous l'influence de phénomènes destructeurs plus importants que les phénomènes constructeurs dont ils sont le siège. On racontera l'histoire totale d'un individu en disant que cette histoire commence toujours par une période au cours de laquelle le théorème I s'applique à une conquête effective d'espace. Cette période parait durer indéfiniment, ou du moins plus longtemps que la vie individuelle, chez les êtres unicellulaires dans lesquels le morcellement, qui accompagne fatalement la conquête d'espace, interrompt la vie individuelle proprement dite avant qu'aucune décrépitude ait pu se manifester. Chez les êtres supérieurs, la conquête effective d'espace est limitée à une période de la vie individuelle (jeunesse, adolescence). Puis il arrive un moment où les pertes contre-balancent

1. Il est bien entendu que, par *conquête d'espace*, nous entendons une conquête effective réalisée par les substances vivantes elles-mêmes. Si, par suite de certaines circonstances, des corps non vivants se localisent dans la substance vivante, la masse totale de l'être paraîtra plus grande sans que la quantité des protoplasmas ait augmenté. C'est ce qui arrive par exemple quand des tissus sont envahis par la graisse; un corps qui engraisse n'est pas un corps qui assimile, qui conquiert de l'espace.

exactement les gains (état adulte). Enfin, pendant la décrépitude sénile, les pertes l'emportent sur les gains et conduisent insensiblement à la mort. Mais pendant ces trois périodes distinctes, le théorème I ne cesse jamais de s'appliquer en toute rigueur.

THÉORÈME II

Le résultat de la lutte entre un corps vivant considéré à un moment précis de son existence et un conquérant d'espace faisant partie du milieu qui l'assiège à ce moment précis est personnel par rapport au conquérant d'espace considéré.

On pourrait appeler ce théorème *Théorème de Bordet*, car c'est l'expérience de Bordet qui en a donné la démonstration la plus parfaite.

On pourrait aussi l'appeler *théorème d'imitation,* comme le précédent était le *théorème d'assimilation.*

Énoncé comme il l'est dans les lignes précédentes, ce théorème II se montre l'antagoniste parfait du théorème I. Et en effet toute la Biologie se réduit à une lutte entre le théorème I et le théorème II, à une lutte ou plutôt à un *compromis* entre l'assimilation et l'imitation.

Le théorème II est aussi important que le théorème I, mais on doit avouer qu'il est moins évident; il a pu passer longtemps inaperçu; c'est l'expérience de Bordet qui l'a mis en vedette ; puisque nous avons le droit de choisir nos exemples comme il nous plaît (v. ch. 1), commençons donc par rappeler en quelques mots l'expérience fondamentale de Bordet.

On injecte du lait de vache dans un péritoine de cochon d'Inde. Le lait de vache est ici le facteur B sur lequel se porte notre attention puisque, en dehors de cette introduction de lait de vache, toutes les autres conditions réalisées autour du cochon d'Inde restent semblables à elles-mêmes. Nous supposons, naturellement, que, à la suite de cette injection, le cobaye ne meurt pas. Ceci est entendu une fois pour toutes puisque nous faisons de la Biologie, et que la Biologie étudie les lois des êtres qui continuent de vivre.

Nous constatons, dans ces conditions, que le théorème I s'applique à notre expérience ; il semble même s'appliquer intégralement en tant que théorème d'assimilation, puisque, au bout de quelque temps, le cobaye, ayant digéré et assimilé le lait de vache, paraît n'avoir aucunement changé. Il nous faudra donc un subterfuge pour mettre en évidence la loi de Bordet. Voici ce subterfuge.

Après quelques jours, nous soutirons du sang au cobaye, et nous séparons le sérum de ce sang. *Ce sérum donne un précipité avec le lait de vache*, tandis que le sérum d'un cobaye neuf n'en donne pas. En outre, le sérum de notre cobaye ne donne pas de précipité avec des corps différents du lait de vache, même avec des corps assez voisins du lait de vache comme les laits des autres espèces de mammifères, le lait de jument ou de truie par exemple. C'est donc bien qu'il y a, dans le cobaye, une modification qui est en rapport avec la nature *personnelle* du facteur B employé. L'énoncé du théorème est vérifié.

Ce théorème est trop important pour que nous nous contentions d'en donner une seule démonstration expérimentale; nous ne pouvons surtout nous contenter d'une expérience dans laquelle l'être employé est un animal supérieur. Nous préférons, en général, au moins pour commencer, choisir nos exemples dans le domaine des êtres unicellulaires. Voici donc d'autres observations, antérieures d'ailleurs à l'expérience de Bordet, et que j'avais déjà employées dans d'autres ouvrages pour démontrer *a posteriori* la loi d'assimilation fonctionnelle :

Le microbe du rouget du porc se cultive aisément par inoculation dans un porc. Le microbe envahit le corps de l'animal; le porc meurt. Au cours de cette expérience, il faut remarquer que le porc représente, pour le microbe, l'ensemble complet des facteurs extérieurs B. Aussi le résultat est-il particulièrement remarquable. On prend une goutte de sang du porc qui vient de mourir, et on l'inocule à un autre porc; ce second porc meurt plus vite que le premier; on dit que le microbe a augmenté de virulence par rapport au porc. Un second passage augmente encore la virulence, c'est-à-dire qu'un troisième porc, inoculé avec le sang du second porc, meurt encore plus vite que le second. Et ainsi de suite, jusqu'à ce que soit atteinte une *virulence maxima* qui ne saurait être dépassée et qui nous conduira à établir un corollaire important du théorème II.

Le microbe du rouget, tout en prospérant dans le porc et en s'y multipliant avec ses caractères personnels (théorème I), y subit donc une transformation, puisqu'il devient *plus apte* à tuer le porc. On pourrait croire (et on a cru effectivement d'abord) que cette augmentation de virulence est une propriété absolue, un accroissement de la capacité de tuer. Il n'en est rien. Le mot virulence n'a en lui-même aucun sens; il faut dire : virulence *pour le porc.* Voici en effet la suite de l'expérience :

Le rouget du porc peut tuer aussi des pigeons et des lapins. Je l'inocule à un pigeon; le pigeon meurt; une goutte du sang de ce pigeon inoculé à un autre pigeon tue ce second pigeon plus vite que n'était mort le premier; je continue la série des passages sur pigeon jusqu'à ce que j'arrive à la virulence maxima. J'essaie alors, sur un porc, le sang du dernier pigeon. Ce sang se montre extrêmement virulent pour le porc.

On pourrait donc croire à la signification absolue du mot virulence, puisque l'augmentation de virulence pour le pigeon entraine une augmentation de virulence pour le porc. Heureusement, le lapin vient remettre les choses au point :

Une série de passages du rouget à travers des lapins augmente, jusqu'à un certain maximum, la virulence du rouget pour le lapin; mais le virus le plus virulent pour le lapin a au contraire perdu beaucoup de sa virulence pour le porc. Cela suffit à démontrer que la virulence est une propriété spécifique.

En luttant contre un animal d'une espèce donnée, un microbe qui continue de vivre se multiplie victorieusement (théorème I), mais subit une modification qui est déterminée par la personne de l'animal contre lequel il a lutté (théorème II). Cette seconde démonstration du théorème II est moins précise que celle qui découlait de l'expérience de Bordet. Elle aurait pu suffire néanmoins à indiquer la loi d'imitation; pour nous qui connaissons cette loi, elle en fournit simplement une vérification nouvelle.

Au lieu d'étudier le microbe qui tue le mammifère, on peut étudier le mammifère dans les cas où il résiste au microbe. Un mouton qui guérit du charbon a vaincu et digéré les microbes du charbon, comme le cobaye a digéré le lait de vache. Une fois guéri, il paraît semblable à ce qu'il était précédemment (théorème I); mais en réalité il a changé, et son changement est spécifique par rapport à la bactéridie charbonneuse, puisque ce mouton est devenu réfractaire à une nouvelle inoculation du charbon. En revanche, son immunité vis-à-vis d'autres microbes différents du charbon n'a pas changé. Le résultat de sa lutte contre le charbon est donc personnel au charbon, et c'est là une nouvelle démonstration du théorème II.

Somme toute, ce théorème II se trouve démontré, toutes les fois que l'on emploie la méthode d'investigation qui consiste à utiliser comme réactif, pour déceler une modification déterminée dans un individu A par un facteur B contre lequel il a lutté victorieusement, *précisément ce facteur B* qui a été vaincu dans la lutte. C'est là le principe de la méthode vraiment biologique; c'est là ce qui rend cette méthode biologique si féconde par rapport à la méthode chimique ordinaire.

Tous les faits de fabrication de sérums curatifs de maladies par les animaux qui ont guéri de cette maladie (chevaux de l'Institut Pasteur fournissant le sérum antidiphtérique) constituent autant de démonstrations précises du théorème II.

Bien plus, on trouve une nouvelle démonstration du même théorème (et ceci est particulièrement intéressant, car les faits dont je vais parler ont semblé faire exception à la loi d'habitude de Lamarck), on trouve, dis-je, une nouvelle démonstration du théorème II dans les phénomènes d'*anaphylaxie*. J'ai montré ailleurs[1] que ces phénomènes ne constituent qu'une exception apparente à la loi d'habitude, en ce sens qu'ils concernent une *habitude-tissu* nuisible à la coordination générale de l'individu. Leur existence prouve que l'énoncé de notre théorème est bon puisque, même dans ces cas d'exception apparente, cet énoncé s'applique dans toute sa rigueur. Si on injecte à un être A une substance B qui est anaphylactisante pour A, le résultat de la survie de A est personnel par rapport à B.

Je vais maintenant me permettre une généralisation audacieuse. Du moins serai-je traité d'audacieux par ceux qui voient une différence essentielle entre les colloïdes et les rayonnements. Cette différence est sans doute essentielle à certains points de vue. Le rythme du colloïde ne sort pas, en effet, du contour limitant le solvant de ce colloïde; en d'autres termes, ce rythme est adhérent à son substratum matériel et ne saurait en être séparé. Au contraire, le rythme sonore et le rythme lumineux se transmettent, sans transporter leur substance avec eux, à travers les espaces contenant des corps capables de vibrer. Le son se propage dans l'air; la lumière conquiert l'éther; dans ces deux cas, le phénomène rythmique se transporte seul, à travers des corps variés, tandis que le

1. V. *la Stabilité de la Vie*. Paris, Félix Alcan, 1910.

rythme du colloïde est inséparable de son support.

Mais plaçons-nous maintenant dans le cas où un colloïde à solvant aqueux est introduit par injection dans le milieu intérieur d'un être vivant[1]. La continuité étant établie entre le solvant du colloïde injecté et les solvants des protoplasmas vivants, le rythme du colloïde injecté se trouve en lutte avec les rythmes protoplasmiques de l'hôte, absolument comme sont en lutte, avec ces rythmes protoplasmiques, les rythmes sonores ou lumineux qui ont pénétré sans substratum à l'intérieur des corps des animaux.

Pour chercher à démontrer le théorème II dans le cas où les facteurs B étudiés sont des radiations lumineuses, par exemple, il sera plus commode de prendre des exemples parmi les êtres supérieurs comme nous-mêmes, parce que nous avons personnellement une connaissance subjective très précise de la modification apportée en nous par la radiation lumineuse. Mais on pourrait déjà trouver un commencement de démonstration en se bornant aux êtres unicellulaires.

Quelques-uns d'entre eux sont peut-être indifférents à la lumière. Ceux-là ne nous apprennent rien ; là où il n'y a pas de lutte, on ne saurait apprécier le résultat de la lutte.

1. Ou, ce qui revient au même, dans le liquide où vivent des êtres unicellulaires dont, nous l'avons vu, le solvant protoplasmique est en continuité liquide avec l'ambiance.

Mais il existe de nombreuses espèces unicellulaires, chez lesquelles on constate une action évidente de certaines radiations lumineuses. On remarque surtout, quand on étudie ces espèces, les phénomènes de direction par la lumière, phénomènes auxquels on a donné le nom de *phototactisme*. Cela suffit à prouver que le corps unicellulaire est partiellement vaincu par la radiation lumineuse; la radiation lumineuse introduit un facteur personnel, sa direction, dans les mouvements de l'être considéré, ce qui suffit à démontrer le théorème II.

Nous en trouvons une démonstration bien plus parfaite lorsque nous nous adressons aux animaux supérieurs, aux hommes par exemple.

L'homme est entouré d'un sac de cuir imperméable aux sons et aux lumières; mais ce sac de cuir porte quelques petites fenêtres parfaitement adaptées à la pénétration des phénomènes vibratoires externes; ce sont les surfaces sensorielles, les yeux et les oreilles.

Par ces fenêtres pénètrent en foule les vibrations les plus diverses. Je n'entre pas dans le détail de ces phénomènes de pénétration; je les ai étudiés dans un autre ouvrage (*Science et Conscience*). Je m'applique d'ailleurs, dans la démonstration que je donne ici des théorèmes biologiques généraux, à éviter tout ce qui ressemble à une analyse des faits; j'envisage les phénomènes dans leur ensemble, les lois que je veux établir étant tout à fait synthétiques.

L'observation la plus élémentaire nous permet d'affirmer que chaque vibration lumineuse ou sonore imprime en nous, quand elle a pu pénétrer dans notre for intérieur, une image remarquablement exacte de sa personnalité. Nous connaissons immédiatement la hauteur, le timbre, l'intensité, la direction aussi, des sons qui atteignent nos oreilles. C'est même pour cela que nous avons pris l'habitude de définir les sons par ces qualités particulières. De même, nous connaissons la couleur et l'intensité de la lumière qui frappe nos yeux, et, pour ce qui est de sa direction, c'est la connaissance admirable que nous avons de la direction de chaque radiation lumineuse qui dessine en nous la forme des objets extérieurs, ce que j'ai appelé *image de deuxième espèce* ou *image dans l'espace*[1].

Somme toute, s'il s'agit de facteurs conquérants d'espace appartenant au groupe des radiations sonores ou lumineuses, le théorème II est parfaitement évident. Les mots *image* et *imitation* avaient précisément été inventés pour rappeler que l'impression produite sur un être vivant par l'un de ces facteurs est *rigoureusement personnelle* par rapport à ce facteur. Et, par conséquent, il n'y a

---

1. V. *Science et Conscience*, *op. cit.*

aucune audace à énoncer le théorème II relativement à la lutte de l'organisme vivant contre les
lumières et les sons; la *personnalité* du résultat est
infiniment plus remarquable encore dans le cas de
cette lutte que dans le cas du phénomène de
Bordet.

Quant au théorème I, son application dans le cas
des radiations est encore plus évidente, si possible,
que dans le cas des colloïdes alimentaires injectés.
Non seulement l'homme reste semblable à lui-même
après qu'il a vu ou entendu, mais chacun de nous
sait pertinemment que tout homme a une manière
personnelle de voir et d'entendre; cette observation est même fort ancienne, puisqu'elle est con-
signée dans la sagesse des nations sous la forme
d'un proverbe fort connu :

« Il ne faut pas discuter des goûts et des couleurs. »

Ainsi, il est indiscutable que les théorèmes I et II
s'appliquent également au cas des colloïdes et au
cas des radiations; et cependant, on a tellement
l'habitude de distinguer les corps matériels des
phénomènes vibratoires, que l'on acceptera difficilement de les voir traiter de la même manière
dans le langage qui raconte la lutte du corps
vivant contre eux. On a l'habitude de dire que
l'être vivant *digère* et assimile un aliment; on dit,
au contraire, qu'il *voit* une lumière et qu'il *entend*
un son, ou, pour employer dans les deux cas la

même expression, qu'il perçoit une image lumineuse ou sonore. La différence entre le cas des colloïdes et celui des radiations tient surtout à ce que, pour les colloïdes, nous nous arrêtons de préférence à la considération du théorème I qui est plus évident, tandis que pour les radiations, nous nous en tenons au contraire tout naturellement à celle du théorème II qui s'y applique en effet tout de suite.

Il faut se résoudre à ne pas séparer ces facteurs d'action dans le langage ; il faut appliquer à chacun des cas les *deux* théorèmes, qui s'y appliquent sans laisser de prise à aucun doute.

Le contenu du contour d'un corps vivant a une personnalité ; nous ne devons pas l'oublier. Cette personnalité étant parfaitement définie à chaque instant, TOUT ce qui pénètre à l'intérieur du contour tend à la modifier, et entre en lutte avec elle. Puisque le corps vivant continue de vivre, c'est que sa personnalité se maintient dans ses grandes lignes ; c'est donc qu'elle digère, qu'elle assimile, tous les facteurs de trouble qui ont pénétré en elle (théorème I). Mais sa victoire n'est jamais complète, en vertu du théorème II. On doit donc, en bonne logique, employer le même langage pour les conquérants d'espace, quels qu'ils soient, qui pénètrent dans le corps vivant à travers une fenêtre de son contour, puisque ces conquérants d'espace y sont, en réalité, traités de la même façon.

Il faut renoncer à notre habitude analytique de séparer, dans l'étude des faits, la matière et l'énergie. Nous ne connaissons pas de matière sans énergie, mais nous savons constater des transports d'énergie sans matière, dans la propagation des phénomènes rythmiques. L'être vivant prend la même attitude vis-à-vis des rythmes colloïdes à substratum matériel, et des rythmes sonores ou lumineux qui traversent nus les espaces. Nous devons donc parler d'*aliments énergétiques* comme nous parlons d'*aliments matériels*. Tout ce qui pénètre dans le contour d'un être vivant et qui entame une lutte avec le contenu de ce contour est un aliment, tant que le corps vivant n'a pas succombé dans la lutte.

Quoique cette manière de s'exprimer doive paraître nouvelle et par là même inacceptable à beaucoup, on en trouve un exemple déjà ancien dans le langage courant. Quand un homme, ayant une certaine opinion philosophique, se condamne à la lecture d'un auteur qui a une opinion différente, il dit ensuite qu'il a été *convaincu* par cet auteur. C'est là l'expression du théorème II. Mais il dit aussi quelquefois qu'il *s'est assimilé* la pensée de l'auteur, voulant dire par là qu'il a acquis un nouveau *modus vivendi*, dans lequel la pensée de cet auteur a été traduite de manière à ne plus gêner son fonctionnement normal, à lui, lecteur; en d'autres termes, cette pensée digérée et assimilée (c'est-à-dire traduite) fait désormais partie du mécanisme du lecteur qui continue de vivre avec ce caractère nouveau. En disant qu'on s'est assimilé la pensée d'un auteur, on applique donc le théorème I.

Dans l'alinéa précédent, j'ai considéré la pensée comme un conquérant d'espace et l'on trouvera que je vais peut-être un peu vite. Je reviendrai sur cette question dans un chapitre ultérieur; la pensée ne peut conquérir que des *espaces humains*, comme le rythme colloïde ne conquiert que, par continuité, des espaces colloïdes. Je voulais seulement montrer dès maintenant que le langage proposé n'est pas absolument aussi nouveau qu'il le pourrait paraître au premier abord.

Si l'on est convaincu que l'on peut sans danger appliquer la même manière de parler au cas des colloïdes et à celui des rythmes sonores ou lumineux, on tirera de grands avantages du procédé qui consiste à raconter, dans le langage du théorème I, les faits que l'on avait accoutumé de raconter dans le langage du théorème II, et réciproquement. Cela est très légitime, puisque nous avons constaté que les deux théorèmes s'appliquent également dans tous ces cas. Nous allons rencontrer ici un des grands avantages de cette foi dans l'existence d'une Biologie générale, dont je parlais au premier chapitre de ce livre; quand on aura reconnu que deux ordres de phénomènes, connus de nous sous des apparences très diverses, se comportent de la même manière dans leur lutte contre les êtres vivants, on pourra appliquer à la narration de l'effet biologique des phénomènes du premier ordre le langage qui sert habituellement à celles de l'effet biologique des phénomènes du second, et réciproquement; et cela pourra être fort utile, car il est toujours commode, pour l'homme, de comparer des faits peu connus et peu évidents à d'autres faits très clairs et très familiers.

Nous disons : j'entends une mélodie, je vois une couleur ou une forme; et nous savons, d'après le théorème II, qu'entendre et voir sont des acceptions particulières du verbe imiter[1]. Nous disons au contraire que le cobaye *digère* et *assimile* le lait de vache; que le cheval digère et assimile la toxine diphtérique, pour devenir ensuite producteur de sérum antidiphtérique.

Puisqu'il s'agit là de phénomènes comparables nous pouvons renverser l'ordre d'application des verbes et dire : je digère une mélodie de Gluck; j'assimile un coucher de soleil; le cobaye imite le lait de vache; le cheval imite la toxine diphtérique.

Les deux premières de ces propositions ne paraissent pas tout de suite très suggestives; et cependant, elles suffisent déjà à empêcher d'ou-

---

1. Il s'agit là d'une imitation passive. V. *Science et Conscience, op. cit.*

blier que les radiations, qui pénètrent en nous et qui nous laissent des souvenirs, constituent une alimentation énergétique ; lorsque ces souvenirs pourront intervenir ensuite dans le déclanchement d'une détermination volontaire, nous saurons donc d'où est venue la provision d'énergie qui joue un rôle dans ce déclanchement, et nous ne serons pas tentés de croire à des actes spirituels sans antécédent énergétique.

Les deux dernières, la dernière surtout, sont bien plus remarquables. Le cheval, disons-nous, *imite* la toxine diphtérique. Et cependant, en l'imitant, il fabrique exactement le contraire ; il fabrique ce que les physiologistes appellent, dans leur langage barbare, l'*anticorps*, l'*antitoxine* de la toxine diphtérique. Cette constatation nous ouvre des horizons nouveaux relativement à la signification du mot *imiter*.

Quand nous faisons, en creux, le moule d'une statue qui est en relief, nous imitons parfaitement la statue, quoique nous fassions tout le contraire de ce qu'elle est ; la comparaison de nos imitations passives de rythmes avec l'imitation de la toxine diphtérique par le cheval producteur de sérum anti-diphtérique nous fournit, sur le procédé par lequel nous imitons les rythmes, une indication que nous n'aurions pas facilement obtenue autrement. Notre activité vitale vis-à-vis du rythme d'une mélodie est une activité *défensive ;* nous défendons contre le rythme étranger l'intégralité de notre patrimoine; nous faisons ce qu'il faut pour annuler l'effet troublant de ce rythme étranger; mais en construisant ainsi son empreinte négative, nous en exécutons une *traduction fidèle*, et c'est tout ce qu'il faut pour que le mot imiter soit rigoureusement approprié à notre narration. Ce phénomène bizarre se comprend aisément si l'on emploie à la fois le théorème I et le théorème II. Chacun de ces deux théorèmes ne représente qu'un côté de l'activité vitale. En les superposant, nous obtenons la formule synthétique qui représente toute la vie : *assimiler en imitant*, c'est-à-dire assimiler en faisant l'effort qui convient précisément au cas particulier envisagé et non à un autre. Ainsi, l'assimilation n'est pas un phénomène banal, mais un phénomène rigoureusement défini, dans chaque cas, par la nature de l'objet à assimiler.

Ces longues considérations n'ont pas été inutiles puisqu'elles nous ont conduits à cette notion profonde et inattendue, de la spécificité parfaite de toute activité vitale dirigée contre un ennemi donné; l'acte vital n'est donc jamais défini entièrement dans le corps vivant lui-même; il ne l'est pas davantage par l'ennemi contre lequel le corps vivant doit se défendre. Pour savoir ce qui se passera dans un cas donné de vie, il faut connaître à la fois l'état actuel de l'être vivant étudié et la nature du conquérant d'espace contre lequel il doit se défendre pour continuer sa vie. C'est cette double considération que résume la formule de *l'assimilation fonctionnelle*.

L'ASSIMILATION FONCTIONNELLE

La vie d'un individu vivant est une série d'activités différentes réunies par un lien qui permet de reconnaître l'individu à travers tous ses changements successifs. A chaque instant, l'activité totale de l'individu, la tranche de vie correspondant à ce moment précis, ou du moins à un instant très court autour de ce moment précis, s'appelle le *fonctionnement* de l'individu au moment considéré. Le théorème II nous a appris que ce fonctionnement n'est pas quelconque, mais est défini rigoureusement par la nature du conquérant d'espace avec lequel l'individu est en lutte. Pour employer un langage imagé, nous dirons que, en présence d'un ennemi déterminé, l'être vivant dispose l'ensemble de ses troupes dans un ordre qui est *spécifique* par rapport à cet ennemi, et qui serait autre par rapport à tout autre ennemi différent du premier. Nous ne sommes pas outillés pour observer directement cet ordre de bataille; nous ne pouvons en juger que par ses résultats. Or, dans tous les cas où nous avons pu étudier le résultat de la lutte, nous avons reconnu, dans ce résultat, une trace parfaitement précise de la nature de l'ennemi ; en d'autres termes, le résultat de cette lutte nous aurait permis de définir l'ennemi contre lequel elle était dirigée, même si nous n'avions pas connu cet ennemi. C'est là ce que nous apprend le théorème II. Nous en concluons, malgré l'impossibilité dans laquelle nous sommes de décrire l'ordre de bataille choisi par l'être vivant, que cet ordre de bataille est rigoureusement adapté à l'ennemi actuel et à cet ennemi seul ; que, en d'autres termes, l'attitude de combat de l'être vivant contient une image fidèle du conquérant d'espace avec lequel il est en lutte au moment considéré.

Reprenant les symboles précédemment définis, j'appelle A le contenu du corps vivant au moment considéré, et B le conquérant d'espace avec lequel il est en lutte. L'ordre de bataille des troupes de A sera rigoureusement adapté à la lutte contre B. Je représenterai donc cet ordre de bataille par la formule symbolique $(A \times B)$. L'activité actuelle de A s'appelle son *fonctionnement ;* sa disposition en bataille rangée contre B, disposition de laquelle résulte cette activité appelée *fonctionnement,* méritera donc de s'appeler l'*organe* de ce fonctionnement. L'organe qu'est A à un moment préci de son existence dépend, d'une part de tout ce que contient A comme troupes disponibles au moment considéré, d'autre part de l'ennemi contre lequel sont disposées ces troupes.

Le résultat est la victoire de A qui continue de
vivre. Mais l'état de A après la victoire conserve
la trace de l'ordre de bataille réalisé pendant la
lutte. Cet ordre de bataille contenait une image
fidèle de B; l'image de B se retrouvera dans le
résultat de la victoire. Il y aura eu assimilation
avec imitation ou *assimilation fonctionnelle*. En
d'autres termes, suivant une formule que j'ai déjà
établie depuis longtemps : *c'est en tant qu'organe
de la lutte contre B que l'individu A aura assimilé
son ennemi au cours du fonctionnement qu'est la
lutte.*

Voilà certes une particularité bien étrange de la
nature du phénomène vital. Il eût été pourtant
facile de prévoir que la conservation de l'individu
serait à ce prix, puisque l'individu est un conquérant d'espace battant contre d'autres conquérants
d'espace. Nous ne pouvons concevoir l'assimilation
que comme une *assimilation avec imitation*. Une
assimilation absolue, dans laquelle le corps vivant
s'accroîtrait dans l'espace sans tenir compte des
ennemis rencontrés ne serait plus un phénomène
physique, mais un phénomène surnaturel, un
miracle. La réalité est plus humble; le vainqueur
conserve la trace, le souvenir précis du vaincu.
Quelle est l'importance de ce souvenir? Nous
allons nous en occuper maintenant.

LA LIMITATION DE L'IMITATION

Dans la lutte qu'est un phénomène vital, il y a
d'une part assimilation (théorème I) d'autre part
imitation (théorème II), c'est-à-dire que le résultat
de la lutte est personnel par rapport au vainqueur
(théorème I) et personnel par rapport au vaincu
(théorème II). A quoi reconnaît-on alors qu'il y a
un vainqueur et un vaincu? Un observateur qui
saurait pénétrer dans le secret des protoplasmas
(nous sommes loin de là pour le moment quand il
s'agit d'observation directe), un observateur, dis-je,
qui saurait voir directement les batailles colloïdes
reconnaîtrait que le résultat de l'assimilation est
positif, représente *en plein* les caractères particuliers de l'individu assimilateur, tandis que le résul
tat de l'imitation est *négatif*, représente en *creux*
les particularités du vaincu. Mais, je le répète,
nous n'en sommes pas là, et nous pouvons seule
ment constater que le résultat du fonctionnement
ressemble au vainqueur et ressemble au vaincu[1].

Il y a cependant un phénomène qui nous montre
immédiatement que l'assimilation fonctionnelle
représente, malgré l'imitation qui l'accompagne
fatalement, une victoire effective de l'être vivant
qui en est le siège.

1. Sauf cependant dans le cas de la fabrication des anticorps, où le caractère négatif de l'imitation est évident.

Quand nous avons étudié précédemment l'augmentation de virulence d'un microbe du rouget du porc passant à travers plusieurs hôtes successifs de l'espèce porcine, nous avons constaté que cette exaltation de virulence s'arrêtait dès qu'un certain maximum était acquis. De même, pour le mouton luttant victorieusement contre le charbon, l'immunité acquise ne dépassait pas un certain maximum. Autrement dit, la trace que laisse, par imitation, un conquérant d'espace dans un individu vainqueur, ne peut dépasser une certaine importance. A partir du moment où la victoire est définitivement assurée, à partir du moment où l'adaptation est parfaitement réalisée, l'intervention de nouveaux ennemis de même espèce n'apporte plus, dans l'individu vivant, aucune modification nouvelle. Ce phénomène est extrêmement important en Biologie; c'est le phénomène de *l'acquisition de caractères durables* par fonctionnement prolongé. C'est à cette construction progressive de *caractères acquis* que s'applique la formule célèbre :

La fonction crée l'organe.

Pendant un temps très court à partir du moment considéré, l'intervention d'un facteur B dans la vie d'un individu A *définit* momentanément l'organe $(A \times B)$, organe actuel de la lutte actuelle contre le facteur B. Si, un instant après, un facteur différent de B entre en jeu, ce nouveau facteur définit un nouvel organe, et ainsi de suite; chacun de ces organes successifs et différents n'a qu'une existence éphémère.

Mais, supposons que le même facteur B continue longtemps son action exclusive sur A; à chaque instant les forces de A s'orientent pour la lutte contre B; l'assimilation se poursuit dans ces conditions, et *construit* petit à petit l'organe qui a été défini de la même façon pendant un laps de temps prolongé. Au bout d'un certain temps, cet organe est définitivement construit, et, si j'ose m'exprimer ainsi, *construit au maximum*. A partir de ce moment, l'intervention nouvelle du facteur B n'augmente pas la construction de cet organe spécial; l'imitation est limitée à ce maximum. Désormais, l'ordre de bataille de A contre B fait partie de la structure de A, et se conserve dans cette structure, que A continue ou non de lutter contre B. Si A continue de lutter contre B, il est désormais le siège d'une *assimilation absolue*, car il ne subit plus aucune modification par imitation. Si A se trouve en lutte contre des facteurs nouveaux, il conserve dans sa structure le caractère acquis par sa lutte contre B, et ce caractère se manifeste fort longtemps; il peut cependant disparaître petit à petit par désuétude, c'est-à-dire que, le corps A acquérant, dans des luttes nouvelles, des caractères nouveaux, ces caractères peuvent empiéter sur des parties du caractère précédemment acquis et en diminuer l'importance. En tout cas, si le même facteur B continue à lutter contre A, il est désormais vaincu d'avance, et son intervention n'a plus pour résultat de modifier A, mais seulement d'*entretenir* le caractère précédemment construit par un fonctionnement prolongé.

Par exemple, les chevaux qui ont résisté à des injections de toxine diphtérique ont finalement acquis au maximum l'immunité contre la toxine diphtérique. Désormais, pendant de longs mois, ils continueront à fabriquer du sérum antitoxique, parce que l'organe de la lutte contre cette toxine est désormais *fixé* dans leur structure; c'est un caractère acquis. Si, au bout de quelque temps, la valeur antitoxique du sérum a baissé, parce que l'organe construit commence à se dégrader par désuétude, on lui redonne sa valeur première en mettant de nouveau en lutte contre le cheval la toxine précédemment vaincue. Ainsi nous empêchons la dégradation d'un organe que nous, hommes, avons intérêt à conserver; mais dans tous les cas, l'importance de cet organe ne dépasse pas, dans la structure du cheval, le maximum une fois acquis. Il y a *limitation de l'imitation*.

Au contraire, l'assimilation est illimitée. Voici, par exemple, une bactéridie charbonneuse que je mets en lutte contre des moutons et qui en triomphe; elle s'adapte au mouton et acquiert au bout de quelque temps un maximum de virulence (limitation de l'imitation). A partir de ce moment, je pourrai inoculer mes bactéridies adaptées à des moutons et à des moutons; j'obtiendrai par assimilation des milliards et des milliards de bactéridies; l'assimilation est illimitée, tandis que l'imitation ne l'est pas.

On peut se placer à un autre point de vue pour constater le même phénomène. Si l'on prend un mouton que l'on immunise contre le charbon, ce mouton aura beau ensuite digérer des milliers et des milliers de bactéridies nouvelles, son immunité n'augmentera pas. On reconnaîtra toujours que c'est un mouton, même si on le rend successivement réfractaire à des quantités de maladies différentes. C'est que, dans chaque cas, tant que la vie du mouton continue, la variation causée par les luttes contre les facteurs nouveaux ne dépasse jamais une certaine importance.

La limitation de l'imitation joue un rôle primordial en Biologie; nous pouvons nous en rendre compte aisément en reprenant nos formules symboliques de tout à l'heure et en les rapprochant les unes des autres, en un tableau. Soient A_1, A_2, A_3 ..... A_n, les structures successives du corps vivant A pendant toute son évolution individuelle. Soient B_1, B_2, B_3, ... B_n, les milieux correspondants, c'est-à-dire les ensembles de conquérants d'espace qui, au cours des tranches de vie portant les numéros 1, 2, 3 ..... n, luttent contre les corps A_1, A_2, A_3 ..... A_n. La lutte de A_1 contre B_1 pendant la tranche de vie n° 1, a pour résultat le corps A_2, qui, au cours de la tranche de vie n° 2, entre en lutte avec le milieu B_2; il en résulte le corps A_3, et ainsi de suite. C'est ce que nous représentons par le tableau suivant des formules symboliques :

$$A_1 + (A_1 \times B_1) = A_2;$$
$$A_2 + (A_2 \times B_2) = A_3;$$
$$\cdots\cdots\cdots\cdots\cdots\cdots$$
$$A_{(n-1)} + A_{(n-1)} \times B_{(n-1)} = A_n.$$

Dans un langage très général, on peut dire que les structures A_1, A_2 ..... A_n sont les *hérédités* successives du corps vivant A. La structure A_1, de la masse vivante initiale qui est le point de départ de l'évolution individuelle (œuf, spore, propagule, bouture, etc.) s'appelle plus précisément l'*hérédité* du corps vivant A. La série des ennemis B_1, B_2 ..... B_n, que les hasards mettent successivement en lutte avec A_1 ..... A_n, est ce qu'on appelle, au sens le plus large, l'*éducation* du corps A. Chaque tranche de vie consiste donc en une lutte de l'hérédité contre l'éducation. L'hérédité est conservatrice en vertu du théorème I; l'éducation est révolutionnaire en vertu du théorème II. Mais, par suite de la limitation de l'imitation, les divergences, qui peuvent résulter des variations dans les contingences éducatives, entre deux êtres ayant même hérédité, sont toujours limitées et ne peuvent pas dépasser un certain maximum. Deux jumeaux, qui proviennent des deux moitiés d'un même œuf, ne resteront pas identiques, parce que, n'occupant pas la même place dans le monde, ils rencontreront fatalement des éducations différentes. Mais les divergences qui se produiront dans leur évolution seront sans cesse limitées, et, en effet, on reconnaîtra toujours qu'ils sont jumeaux, tant qu'ils seront vivants.

Ainsi, l'hérédité aura toujours, dans l'histoire d'un individu, une influence prépondérante; quels que soient les hasards de son éducation, cet individu ne s'écartera jamais beaucoup d'une route qui est tracée à l'avance par son hérédité. C'est pour cela que l'on a commis l'erreur de croire que toute l'évolution de l'individu était déterminée à l'avance avec précision, dans le contenu de son œuf (théories des particules représentatives et de l'emboitement des germes).

Une existence individuelle étant toujours limitée dans le temps, l'accumulation des variations possibles pendant la courte durée de cette existence ne sera en effet jamais suffisante pour faire disparaitre la trace de l'hérédité initiale. Aussi, l'individu qui entre dans la vie avec une hérédité de l'espèce *oursin* mourra fatalement avec des caractères qui le feront ranger dans l'espèce oursin, et distinguer à première vue de tous les êtres catalogués sous le nom d'étoile de mer, de ver de terre ou de chien. Notre observation personnelle du monde étant limitée à notre vie, nous ne voyons donc jamais de divergences sérieuses se manifester entre des êtres ayant même hérédité, et c'est pour cela que nous affirmons, sans douter le moins du monde de la valeur absolue de cette affirmation, que le fils d'un oursin est un oursin.

Mais les réflexions que nous venons de faire nous prouvent que si, à chaque instant, les variations provenant de l'éducation sont limitées, ces variations n'en existent pas moins *fatalement*. Si donc, une vie individuelle durait beaucoup plus longtemps, si elle durait des milliers de siècles par exemple, nous devrions prévoir que l'accumulation des variations éducatives pourrait, dans certains cas, acquérir une importance comparable à celle qui sépare deux hérédités spécifiques; autrement dit, un être qui aurait vécu assez longtemps, et qui aurait été soumis à une série de variations prolongées, créant des divergences durables, pourrait arriver à différer d'un autre être ayant eu primitivement même hérédité, autant que diffèrent normalement entre eux deux individus appartenant à des espèces différentes. Ces vies individuelles mille fois séculaires ne se réalisent pas; il y aurait d'ailleurs, dans leur histoire, à tenir compte du squelette persistant, mécanisme formé de matériaux non vivants et qui gènerait l'évolution. Mais si les vies individuelles sont limitées, les lignées d'individus issus les uns des autres ont au contraire des existences infiniment prolongées. On devra donc s'attendre à voir se produire, entre deu: lignées issues d'un même parent, des divergences croissantes pouvant dépasser les écarts que l'on considère ordinairement comme définissant des différences d'espèces. Mais, dans l'histoire de ces lignées, un nouveau phénomène interviendra; ce sera le phénomène de la *reproduction individuelle.* Les formules symboliques que nous avons établies précédemment ont rapport à des individus dont la vie continue intégralement; le mécanisme A_n provient de *tout* le mécanisme A_{n-1} et de ce qu'a fait A_{n-1} luttant contre B_{n-1}. Au contraire, quand il y a reproduction individuelle, c'est un *petit morceau* de A qui se trouve séparé de A et capable de mener une vie indépendante, de recommencer une nouvelle série de fonctionnements. Nous ne savons pas encore quel lien peut exister entre l'*hérédité* de A et l'*hérédité* de ce petit morceau de A qui va être le point de départ d'un nouvel individu. Nous ne pouvons donc entreprendre, avec les seules notions déjà acquises, l'histoire de l'évolution des lignées; il faudra d'abord que nous connaissions la filiation établie entre les propriétés de A et celles du petit morceau qui, séparé de A, peut vivre pour son compte personnel. Nous ne ferons ces acquisitions qu'au cours du chapitre III.

L'INDIVIDU RÉSISTE AU MONDE ENTIER

Le langage que nous avons été logiquement conduits à adopter au cours des précédents paragraphes, et qui s'est déjà montré d'une grande fécondité, nous oblige à considérer l'individu comme étant sans cesse en lutte avec l'Univers. L'Univers est en effet peuplé de conquérants d'espace qui ne sont jamais inactifs; or, l'individu vivant occupe *activement* le volume qu'il remplit, ce que nous avons exprimé plus haut en disant qu'il *conquiert sans cesse* ce volume, par son activité vitale incessante, au lieu d'en pouvoir être considéré comme le paisible propriétaire. Ainsi, le contour qui limite le corps vivant divise l'Univers en deux parties antagonistes, que l'on peut à un certain point de vue considérer comme *équivalentes*, puisque le contenu lutte victorieusement pendant toute sa vie contre les efforts combinés de tous les conquérants de l'Univers. Bien plus, pendant la période de sa jeunesse, l'individu est plus fort que le monde entier, puisqu'il étend son empire aux dépens des autres facteurs actifs du monde. On peut donc dire sans exagération que *l'individu vaut le monde.*

Cette manière de parler prendra une importance particulière quand nous serons conduits à admettre, par comparaison avec nous-mêmes, que chaque masse vivante continue possède une conscience subjective, une connaissance personnelle de ce qui se passe dans son sein. Évidemment, si cela est, chaque individu, conscient de lui-même, doit avoir de lui-même une très haute opinion. « Le monde et moi », telle doit être fatalement la formule de l'Égoïsme individuel.

En vertu du théorème II, tous les facteurs du monde que les hasards ont mis en lutte avec l'individu, ont, par là même, laissé leur trace, leur souvenir dans sa structure. Dans sa conscience personnelle, l'être vivant a donc une certaine image du monde dans lequel il a vécu. Subjectivement, il se souvient des luttes dans lesquelles il a triomphé; c'est ce qui constitue pour lui la connaissance du monde. Pour chacun de nous, le monde n'existe que par les facteurs conquérants d'espace qui luttent ou ont lutté avec nous pour la possession du volume qu'occupe notre corps. Le monde n'est connu de nous que par les traces des luttes que nous avons soutenues contre lui. Le monde que nous connaissons est imprimé dans notre conscience par une série d'applications du théorème II.

CONQUÊTE TOTALE ET CONQUÊTE PARTIELLE

Pendant sa jeunesse, l'individu vivant s'accroît, c'est-à-dire qu'il impose sa structure à une portion croissante d'espace en vertu du théorème d'assimilation. Cette conquête n'est sans doute pas absolue, puisque, en vertu du théorème II, la structure qu'il impose à une portion croissante du monde porte la trace des facteurs d'action contre lesquels il a eu à lutter. Nous l'appellerons néanmoins *conquête totale* par opposition à la conquête partielle dont nous allons avoir à parler maintenant.

Prenons pour exemple le développement de la levure de bière dans du moût. La levure est d'abord réduite à une cellule ovoïde, qui grossit par assimilation, puis se multiplie par bourgeonnement, de sorte que, au bout de quelque temps, il y a, dans le fond du moût, un certain nombre de cellules semblables à la première (conquête totale d'espace). Mais, en même temps que se réalise cette conquête totale, une conquête partielle a lieu également. Sous l'influence de la vi. de la levure, le moût qui lui sert de milieu se transforme en bière. On comprend aisément cette transformation si l'on se souvient de la continuité aqueuse qui existe entre le colloïde moût et le colloïde levure baignant dans le moût. La personnalité de la levure est limitée à la surface qui entoure son corps, mais son rayonnement colloïde dépasse les limites de son corps et envahit le moût en y exerçant une action diastasique.

Deux théories sont en présence pour expliquer cette action diastasique.

Pour quelques savants, il y aurait à proprement parler sécrétion matérielle d'une substance appelée diastase. Il y a sans cesse des échanges alimentaires entre la levure et le moût; ces échanges comprennent une entrée d'aliments et une sortie d'exsudats. Parmi ces exsudats se trouveraient des colloïdes ayant une action diastasique; ces colloïdes, sortant du protoplasma de la levure, seraient naturellement à l'unisson avec le rythme protoplasmique de cette cellule vivante, et imposeraient ce rythme au milieu ambiant, ce qui réaliserait une conquête partielle d'espace, conquête analogue à celle que réalise une vibration sonore emplissant une salle.

Pour d'autres, le phénomène serait plus immédiat; il serait inutile de considérer les diastases comme sécrétées au sens propre, c'est-à-dire comme émises par la levure avec un substratum matériel; il y aurait simplement un rayonnement direct du rythme protoplasmique dans le moût; l'action diastasique produite viendrait de ce rayonnement qui organiserait lui-même les colloïdes du moût en leur imposant le rythme personnel de la levure; en d'autres termes, la diastase résulterait d'une simple action physique de la levure sur les colloïdes de l'ambiance.

Pour nous qui avons été amenés à parler de la même manière des radiations sans substratum (lumière, son) et des rythmes avec substratum (colloïdes), dans leur action sur les êtres vivants, le différend qui divise ces deux écoles n'offre aucune espèce d'importance. Qu'il y ait sécrétion effective d'une diastase matérielle, ou rayonnement, par continuité aqueuse, d'un rythme diastasique sans substratum, l'effet produit sera le même. Ce qui nous intéresse, en revanche, beaucoup, et qui n'a frappé les physiologistes que dans quelques cas particuliers, c'est l'application du théorème II à la production des diastases.

Nous constations tout à l'heure qu'un mouton qui avait guéri du charbon, qui avait, en d'autres termes, lutté victorieusement contre les bactéridies charbonneuses, ressemblait à s'y méprendre à un mouton ordinaire. La seule manière de constater que ce mouton avait acquis une propriété rigoureusement définie par la nature même de la bactéridie charbonneuse, c'était de le mettre de nouveau en lutte avec le même ennemi dont il avait déjà triomphé une fois. Alors, l'immunité spécifique manifestait la variation réalisée par la lutte précédente. Dans toutes les luttes, il en est de même; l'individu qui triomphe dans la lutte *a l'air de n'avoir pas varié*, et, cependant, il a acquis *dans tous les cas*, en vertu du théorème II, une propriété rigoureusement définie par la nature de l'ennemi vaincu. Or, cette variation acquise par l'individu vivant lui-même, on doit en retrouver la trace dans le rayonnement diastasique de cet indi-

9

vidu. Et, en effet, la sérothérapie est basée sur l'observation de faits de cet ordre :

Quand un cheval a lutté victorieusement contre la toxine diphtérique, il a acquis dans sa substance vivante une propriété spécifique par rapport à cette toxine ; et cette variation de la substance vivante se manifeste aussi dans le rayonnement diastasique dont cette substance remplit son ambiance. Dans l'espèce, l'ambiance de la substance vivante du cheval, c'est le milieu intérieur du cheval (sang, lymphe), milieu intérieur dans lequel vivent les éléments cellulaires qui composent le cheval. Aussi trouve-t-on dans le sérum du cheval la propriété spécifique grâce à laquelle a pu être instituée la sérothérapie antidiphtérique.

Au lieu de nous adresser à un mammifère qui a vaincu un microbe, adressons-nous au contraire, maintenant, à un microbe qui a vaincu un mammifère. Ici encore, en vertu du théorème I, le microbe n'aura pas l'air d'avoir changé. Mais, en vertu du théorème II, il aura acquis une variation spécifique par rapport à l'ennemi vaincu. Nous en avons eu la preuve palpable dans l'histoire du rouget du porc luttant successivement contre des lapins et contre des pigeons.

Mais voici où le langage adopté par les physiologistes devient dangereux :

On dit la *toxine de tel microbe* (toxine diphtérique, toxine tétanique), comme s'il s'agissait d'une substance unique, définie par le microbe seul. Or, il est bien certain qu'en agissant ainsi on commet une erreur analogue à celle qu'on commettrait en disant : « du sérum de cheval », sans spécifier qu'il s'agit du sérum d'un cheval ayant lutté contre la diphtérie, par exemple. Évidemment, le sérum du cheval antidiphtérique est encore du sérum de cheval et ressemble beaucoup au sérum de cheval ordinaire, comme le cheval guéri ressemble à un cheval qui n'a pas été malade. De même, la toxine d'une bactérie qui a lutté contre un lapin ressemble à la toxine de la même bactérie ayant lutté contre un cochon d'Inde, comme la bactérie virulente ressemble à la bactérie atténuée. Mais il y a cependant une différence très importante, à un certain point de vue, entre le microbe avant et le microbe après la lutte; il y a une différence du même ordre entre la toxine ou diastase que sécrète un microbe A luttant contre B_1, et la toxine que sécrète le même microbe A luttant contre B_2. Il faudrait dire, pour être correct, non pas de la toxine du microbe A, ce qui est insuffisant, mais de la toxine $(A \times B_1)$ ou de la toxine $(A \times B_2)$. La croyance à la toxine, substance chimique définie par le microbe seul, est la cause d'erreurs nombreuses sur lesquelles j'ai insisté longuement dans un ouvrage publié il y a plus de six ans[1]; ces erreurs ont en

1. Introduction à la *Pathologie générale*. Paris, Alcan, 1906.

particulier pour résultat de rendre incompréhensibles des phénomènes fort simples et de faire douter de la généralité du théorème de Bordet.

Une des plus curieuses des causes d'erreur résultant de l'emploi du mot toxine avec un sens absolu, vient de ce que, même définie entièrement par son origine ($A \times B$), une toxine peut avoir des propriétés qui changent avec les conditions physiques, avec la température par exemple [1]. Par exemple, *de la toxine tétanique à 20 degrés centigrades* est différente de *la même toxine à 37°*. On peut s'en rendre compte en la faisant agir sur des animaux à température variable comme les caïmans.

Un caïman, étant maintenu dans une étuve à 37°, reçoit une injection de toxine tétanique. Il la digère, et, en vertu du théorème de Bordet, son sérum devient antitétanique pour la *toxine tétanique à 37°*. On le constate aisément en inoculant ce sérum à des souris, dont la température normale est voisine de 37°, et qui deviennent réfractaires à la toxine mortelle.

Au contraire, un caïman maintenu dans une étuve à 20° et recevant une injection de *toxine tétanique à 20°* digère cette toxine sans acquérir la propriété de guérir les souris du tétanos. Est-ce là une exception au théorème de Bordet? Pas le

1. Et cela suffirait déjà à faire penser que la toxine est un état physique de certains colloïdes, bien plus qu'une substance chimique définie.

moins du monde! Évidemment, le caïman qui a digéré la « toxine tétanique à 20° » produit dans son sérum de quoi désarmer la « toxine tétanique à 20° ». Mais, ce qui agit sur une souris, c'est de la « toxine tétanique à 37° », à cause de la température normale de la souris. Et, contre cette « toxine tétanique à 37° », le sérum vainqueur de la « toxine tétanique à 20° » est impuissant. Cela prouverait à des gens ayant l'esprit libre que les phénomènes d'immunité et de sérothérapie sont des phénomènes physiques et non des phénomènes chimiques; mais on est tellement pénétré de la funeste théorie d'Ehrlich, qu'on aime mieux croire à la non-généralité des théorèmes les mieux établis de la Biologie!

Ce seul exemple suffit à montrer combien il est indispensable d'instituer, en Biologie, un langage correct et rigoureux.

PROPRIÉTÉS THERMOLABILES ET THERMOSTABILES DES SÉRUMS

La démonstration des théorèmes I et II, au moins dans le cas particulier de la fabrication des sérums antitoxiques par les animaux immunisés, aurait été tirée depuis longtemps des observations nombreuses faites dans cette direction, si l'on n'avait été habitué à un langage qui empêche la compréhension des faits. Grâce à ce langage, introduit dans la science par l'école d'Ehrlich, on considère immédiatement toute propriété nouvelle comme due à un corps défini nouveau [1]. D'une manière générale, quand on constate dans un sérum la possibilité de produire un *phénomène* donné, on attribue cette possibilité à la *phénoménine* correspondante ; et l'on peuple ainsi les organismes de corps chimiques définis en quantités innombrables.

Dans la réaction d'un organisme A qui se défend contre un ennemi B, l'application du théorème I fait prévoir que le résultat sera spécifique par rapport à A. L'application du théorème II fait prévoir de même que le résultat sera spécifique par rapport à B. Et ceci doit être vrai, tant pour la substance vivante de A, que pour le rayonnement diastasique effectué par A dans son milieu intérieur. (Je dis *milieu intérieur* parce que je pense ici à des mammifères ou autres vertébrés ; tout cela serait encore vrai pour des êtres unicellulaires, mais alors, il faudrait dire *milieu* tout court.) Et en effet, on trouve que le sérum de l'animal A préparé par la lutte contre B a une propriété spécifique par rapport à A et une autre propriété spécifique par rapport à B. Ainsi les deux théorèmes sont démontrés. La propriété spécifique par rapport à A est détruite par chauffage du sérum à 55°. Au contraire, la propriété spécifique par rapport à

---

1. V. *la Stabilité de la Vie*, §§ 42 et sq.

l'ennemi B ne peut être détruite que par chauffage à 65°. On dit donc que la première propriété, facilement détruite par la chaleur, est *thermolabile;* la seconde au contraire est dite *thermostabile,* parce qu'elle résiste à dix degrés de plus. Et, naturellement, les partisans de la théorie d'Ehrlich disent que, dans l'*anticorps* formé par l'individu A, il y a une substance *thermolabile* et une *substance thermostabile.* Laissons de côté ce langage vicieux et stérilisant, et contentons-nous de trouver dans ces observations des physiologistes une nouvelle démonstration du théorème I et du théorème II, qui sont les piliers de la Biologie.

CHAPITRE III

La forme et l'unité de l'être vivant.

TOUT ÊTRE VIVANT A UNE FORME D'ENSEMBLE.

La manière même dont nous avons été amenés à envisager la vie dans les paragraphes précédents nous oblige à considérer la notion de vie comme inséparable de la notion d'individu limité par un contour. C'est dans ce contour que se réalise à chaque instant la conquête d'espace (voir plus haut chap. II) qui caractérise l'activité vitale.

Nous ne pouvons pas ignorer, cependant, que la question de l'existence possible d'*êtres vivants solubles* s'est posée sérieusement en microbiologie. Or, un corps soluble n'a pas de forme par lui-même; il épouse la forme du vase dans lequel est contenu le liquide qui le dissout. Considérons un vase plein d'un liquide alimentaire pour une espèce vivante donnée, et semons-y cette espèce vivante. Si cette espèce est soluble, elle remplit, par diffusion, et sans acte vital, la masse totale du liquide alimentaire; ce n'est pas là, avons-nous dit, une véritable conquête d'espace. Et une fois le vase plein de la solution d'être vivant, aucune conquête d'espace n'est possible désormais. Tout au plus une assimilation réalisée par l'être vivant dissous aurait-elle pour résultat d'augmenter la *concentration* en être vivant de la solution considérée. Or, s'il y a concentration progressive, il y a perte d'une qualité individuelle; tout cela est contradictoire. Nous allons nous tirer d'affaire en recourant à la notion de microbes très petits et de microbes invisibles, notion qui a précédé et posé celle des êtres vivants solubles.

Un microbe très petit, visible seulement à l'ultra-microscope, comme les agents, dits invisibles, de certaines maladies, conquiert le bouillon dans lequel il est semé, comme la levure de bière conquiert le moût, en reproduisant, par division, un nombre croissant de petits microbes semblables à lui-même. Supposons, pour fixer les idées, que le microbe considéré soit sphérique; l'espace conquis par la vie du microbe, au bout d'un certain temps, se composera d'un nombre fini de petites sphères disséminées dans le bouillon; le reste de l'espace bouillon ne sera pas conquis; il se composera de tout l'espace disponible, mais évidé d'un nombre de sphères creuses égal à celui des microbes produits. Et cependant, pour l'observateur qui n'est pas muni de l'ultra-microscope, la culture paraîtra homogène. En filtrant cette culture avec un filtre à pores assez fins, on s'apercevra qu'on lui enlève sa vitalité, ce qui indique bien que le microbe n'était pas réellement dissous.

Que le microbe choisi soit de plus en plus petit, il deviendra de plus en plus difficile à l'observateur de démontrer que la culture virulente n'est pas une solution ; mais le langage restera le même. Supposons, pour aller jusqu'au bout de nos hypothèses, que le microbe, à force de diminuer, finisse par devenir de la dimension des molécules. (Ceci n'est guère probable ; il est vraisemblable qu'aucun être vivant ne peut être plus petit que le corpuscule colloïde, lequel est beaucoup plus grand que la molécule chimique ; mais cela ne fait rien pour notre raisonnement actuel.) Supposons donc que le microbe arrive à être de la dimension des molécules chimiques, il ne faudra pas parler pour cela d'être vivant soluble, car, dans le cas considéré, *l'individu sera la molécule elle-même;* on pourra dire alors que le liquide contenant la culture de cette espèce microbienne se comporte comme une solution ; on ne pourra pas dire que l'individu soit dissous. Il y aura, occupées par l'espèce vivante étudiée dans le milieu considéré, des petites logettes en nombre fini, et dont chacune est de dimension moléculaire. Le reste du liquide sera le milieu, l'ambiance, contenant les microbes gros comme des molécules. L'être vivant aura encore une forme d'ensemble; ce sera, dans l'espèce, la forme de la molécule.

En réalité, les plus petits êtres vivants connus sont déjà extrêmement grands par rapport à la dimension des molécules chimiques; mais, si l'on découvrait un jour des espèces dont l'individu est de dimension moléculaire, il ne faudrait pas, pour cela, parler d'êtres vivants solubles. Il faudrait dire encore que l'individu, dans l'espèce considérée, *a une forme d'ensemble;* cette forme d'ensemble est limitée par un contour qui, dans le cas hypothétique étudié, ne contient qu'une molécule, mais qui, néanmoins, divise le monde entier en deux parties, l'individu et l'ambiance, qui sont en lutte l'un avec l'autre.

Ces considérations peuvent paraître dépourvues d'intérêt; on peut les accuser de n'avoir qu'une importance verbale. .Elles sont, au contraire, essentielles, car elles nous font toucher du doigt la nécessité de toujours considérer l'*individu* en Biologie. Tous les paragraphes suivants vont mettre cette nécessité en évidence. Avant d'aborder l'étude des expériences de mérotomie, il faut nous arrêter un instant à quelques croyances qui, naguère encore, étaient répandues dans la science, et qui sont même encore admises par quelques esprits nébuleux.

LA GELÉE PRIMITIVE ET LA FORME D'ENSEMBLE

Les premières opinions qui ont eu cours parmi les hommes au sujet de la nature de la vie ont été très confuses et très mystérieuses; aujourd'hui encore, nous souffrons de l'influence de ces vieilles croyances, qui empêchent de voir le problème biologique dans toute sa netteté. Chose curieuse, les premiers savants qui ont essayé de lutter contre le *créationnisme* ancestral, ont été guidés, néanmoins, dans l'établissement de leurs systèmes, par le mysticisme de leurs prédécesseurs; et c'est ainsi que, ne se demandant pas si l'on pouvait définir la vie d'une manière scientifique, ils ont supposé que la vie primitive *n'avait pas eu de forme*. C'était pousser le transformisme au delà des limites raisonnables. La forme aurait été un caractère acquis au cours des temps, et les premières substances vivantes auraient été des *gelées amorphes*.

Evidemment, s'il s'agit des formes spécifiques actuelles, on doit considérer qu'elles ont été acquises au cours de l'évolution séculaire de la vie; mais il faut avoir peu de précision dans l'esprit pour supposer qu'il a pu y avoir des masses vivantes *qui n'avaient pas de forme;* cela revient à parler de vie soluble, et nous avons vu ce qu'il faut en penser.

Il faut bien avouer cependant que, dans l'idée des partisans de la gelée primitive, la conception n'était pas aussi précise; ces rêveurs songeaient, en réalité, non pas à une substance vraiment dépourvue de forme, mais bien à une masse indéfinie de substance *sans forme géométrique*, à quelque chose qui rappellerait une masse de confiture étalée capricieusement sur une table. Cette gelée aurait existé au fond des mers, et s'y serait étalée tout en restant nettement séparée de l'eau, par une surface méritant, dans un langage précis, le nom de *forme d'ensemble*.

Dans cette théorie très vague, il y avait une autre croyance que rien ne permet de défendre, c'est que la *limitation* de la dimension des êtres vivants d'une espèce donnée, est, elle aussi, un caractère secondaire acquis au cours des temps; on croyait, en effet, à une gelée continue susceptible d'un accroissement indéfini. Je me demande quel raisonnement a pu donner naissance à cette opinion que rien, dans l'observation actuelle, ne saurait justifier. Cette opinion a dû trouver son origine dans la croyance que la vie non limitée était *plus simple* (?) que la vie limitée à des dimensions restreintes, et que la limitation a été une complication acquise; j'avoue que cela ne me paraît pas évident du tout. En tout cas, tous les êtres vivants actuellement connus ont une forme et des dimensions limitées. On donne quelquefois, à tort, le nom d'espèces *amorphes* à des espèces *ami-boïdes* dont la forme d'ensemble change très vite sous l'influence des agents extérieurs ; mais cela n'empêche pas que les individus de ces espèces aient, à chaque instant, une forme d'ensemble parfaitement définie. La preuve en est dans la facilité avec laquelle, en les regardant au microscope, nous les reconnaissons à première vue.

Et d'ailleurs, sauf pour les végétaux et les êtres encroûtés dans des parois rigides, la forme géométrique du corps varie, elle aussi, incessamment, au cours des mouvements ordinaires de tous les êtres vivants ; mais nous sommes habitués à ces déformations, et nous ne les remarquons pour ainsi dire pas, parce qu'elles ne nous empêchent pas de reconnaître les individus. Nous pouvons même affirmer que nous reconnaissons nos amis à leurs *gestes*, c'est-à-dire à des séries rapides de transformations, au moins aussi bien qu'en observant leur forme fixée dans une photographie instantanée. Tout cela prouve que le mot forme, quand il s'agit des êtres vivants, n'a pas le même sens que dans la géométrie ; la forme individuelle de l'être est un ensemble de caractères auquel nous le reconnaissons ; ces caractères peuvent être des caractères statiques ou des caractères cinématiques. Tout ce qui se passe dans l'être est personnel à l'être en vertu du théorème I, et c'est pour cela que nous reconnaissons, à n'importe laquelle des manifestations de son activité, un être que nous connaissons bien. Nous reconnaissons un ami à son geste, à sa voix, à sa toux, à son pas, etc.; nous devrions même le reconnaître en étudiant, à une échelle quelconque, une partie quelconque de son individu, une goutte de son sang, un morceau de son foie, etc.; mais ce sont là des vérités qui s'imposeront petit à petit à nous, au cours de nos études ultérieures.

EXPÉRIENCES FONDAMENTALES DE MÉROTOMIE

Ainsi, tout être a une forme; tout être construit sa forme à chaque instant; le fait d'exister est, pour un être vivant, le résultat d'une conquête incessante d'espace. Que va-t-il arriver, si, par une intervention mécanique, nous détruisons partiellement le résultat de cette conquête incessante; que se passera-t-il, par exemple, si nous tronquons, d'un coup de scalpel, l'édifice construit à un moment donné? J'ai parlé des expériences de mérotomie dans le chapitre qui sert d'introduction à cet ouvrage (voir plus haut, p. 17); j'en ai parlé pour montrer quelle doit être l'attitude du biologiste en présence d'une exception apparente à une loi pouvant être, à d'autres égards, considérée comme générale. Je laisserai donc de côté ici les cas exceptionnels, et je m'occuperai seulement des cas dans lesquels aucun phénomène sur-

ajouté ne vient masquer la loi morphologique fondamentale.

Quand on coupe un être en deux morceaux, il
peut arriver que l'un des deux morceaux meure,
que les deux morceaux même soient voués à la
destruction. On reconnaî'. que tel est le cas pour
un morceau d'animal, quand on lui voit perdre
petit à petit ses caractères personnels; l'espace
qu'il occupe est envahi peu à peu par les conquérants extérieurs, et change de composition et
d'aspect. Cela se manifeste, par exemple, très
nettement dans le cas d'un protozoaire hyalin,
vivant dans un milieu coloré artificiellement par
une substance contre l'invasion de laquelle le protozoaire vivant se défendait sans peine. Le protozoaire *vivant* restait incolore dans un liquide coloré;
le morceau de protozoaire *en train de mourir* se
colore plus ou moins vite et finit par être tout
à fait envahi par le colorant contre lequel il
défendait victorieusement avant la troncature.

Toutes les propriétés que nous savons constater
dans la substance de l'individu vivant, et que la
vie de cet individu entretenait sans défaillance,
sont peu à peu remplacées par des propriétés
étrangères. La conquête d'espace a cessé.

Pour ce qui est de la *forme* d'ensemble, qui est,
elle aussi, une des propriétés de la substance vivante,
plusieurs cas peuvent se produire. Le cas le plus
simple, celui qui met le plus facilement en évi-

dence la loi biologique cherchée, est celui où la forme personnelle du morceau de protozoaire mort se perd avec les autres propriétés de sa substance; mais cette disparition de la forme n'est pas fatalement rapide; elle peut même ne pas se produire du tout; on sait en effet que certains réactifs chimiques nommés fixateurs ont la propriété de *coaguler* les protoplasmes, de transformer les protoplasmes vivants en une substance inerte *résistante*, comparable à un corps solide pour la persistance de sa forme; alors, indépendamment même de l'existence d'un squelette conservateur de la forme, l'être vivant traité par ces réactifs laisse un *cadavre* qui lui ressemble, et l'on peut croire que rien n'est changé. En réalité, le cadavre, même quand il ressemble extérieurement beaucoup à l'être vivant, en diffère essentiellement en ce qu'il est comparable à un morceau de bois, à une substance figée quelconque. La forme du cadavre n'est plus le résultat d'une *conquête active d'espace* sous l'influence des phénomènes qui se passent sans cesse à son intérieur; le cadavre est comparable à une statue de chêne ou de marbre.

D'ailleurs, dans les cas ordinaires de l'expérience de mérotomie, c'est-à-dire quand on laisse les morceaux de protozoaire dans l'eau où vivait le protozoaire complet lui-même, le morceau qui a cessé de vivre se décompose petit à petit sous les yeux de l'observateur, et se trouve transformé au bout d'un temps plus ou moins long en un amas de granules qui ne rappelle plus en rien la forme primitive, à moins que n'intervienne un squelette résistant ou une carapace. De plus, quand un tel squelette existe, le morceau tronqué et mort, s'il conserve quelque temps, grâce au squelette, sa forme de morceau tronqué, ne régénère jamais la forme totale de l'individu primitif.

Occupons-nous maintenant du cas où un morceau de protozoaire tronqué continue de vivre. Nous supposerons, pour éviter les longueurs et les redites, que l'espèce considérée contient le minimum de squelette résistant, et que, par conséquent, sa forme d'ensemble à un moment donné peut être considérée comme le résultat d'une *conquête actuelle* d'espace, de même que cela a lieu, par exemple, pour la forme de la flamme du bec de gaz, qui disparaît sans laisser de cadavre dès que la combustion est arrêtée. On peut considérer comme se rapprochant beaucoup du cas théorique celui des *stentors*, sur lesquels a opéré M. Balbiani.

M. Balbiani coupait un Stentor en plusieurs tranches ressemblant initialement à des ronds de saucisson; plusieurs de ces tranches (celles qui contenaient des morceaux de noyau) continuaient de vivre, c'est-à-dire que leur substance constitutive conservait ses caractères précédents, se défendait victorieusement contre les conquérants d'espace de l'ambiance.

Voici maintenant le fait essentiel :

Au bout de quelque temps, chaque tronçon ayant continué de vivre avait repris, avec des dimensions moindres, naturellement, la forme spécifique caractéristique de l'espèce Stentor.

Pour que ce phénomène soit complet, il faut un temps plus ou moins long, et cela prouve que le cas du Stentor diffère du cas théorique, soit par un squelette intracellulaire plus ou moins résistant, soit simplement par une viscosité protoplasmique assez considérable pour que les changements de forme ne suivent pas immédiatement les changements des conditions d'équilibre. Si la substance du Stentor était aussi fluide que celle de la flamme d'un bec de gaz, la récupération de la forme spécifique serait immédiate ou du moins extrêmement rapide, comme celle d'un tourbillon d'eau quand change le régime des courants. Même avec cette lenteur due soit au squelette, soit à la viscosité protoplasmique, le phénomène est encore plein d'intérêt. Nous allons en tirer successivement plusieurs conclusions biologiques de première importance.

THÉORÈME III

Les ouvriers du phénomène vital d'assimilation sont de dimension inférieure à la dimension cellulaire.

Le Stentor vivant agit comme un mécanisme parfaitement coordonné. Ce qu'il fait, un observateur l'ayant étudié assez longtemps peut le prévoir avec exactitude, pourvu que soient connues toutes les conditions de son activité. En d'autres termes, à un certain point de vue, le Stentor vivant, exécutant à chaque instant un ensemble d'opérations prévues que nous pouvons synthétiser sous le vocable unique de *stentorage*, est comparable à une machine construite par l'homme, la locomotive, par exemple, qui, dans des conditions données, exécute un fonctionnement que nous pouvons appeler *locomotivage*. Mais l'expérience de mérotomie nous montre immédiatement, entre le Stentor et la locomotive, une différence essentielle.

La locomotive ne peut *locomotiver* que si elle est complète; la suppression de l'une quelconque de ses pièces constitutives entrave son fonctionnement; à plus forte raison, si l'on découpe une locomotive en plusieurs tronçons, n'a-t-on aucune chance de voir chaque tronçon reprendre pour son compte le fonctionnement d'ensemble et reconstruire, par ses propres moyens, une petite locomotive.

C'est que la locomotive est, si j'ose m'exprimer ainsi, *le plus petit ouvrier* de la fonction *locomotivage*. Elle ne se compose pas de parties plus petites capables de locomotiver pour leur compte.

Au contraire, la mérotomie le prouve, le *Stentor* n'est pas le plus petit ouvrier du *stentorage*. Le sten-

torage est en effet la fonction qui consiste essentiellement à conquérir de l'espace, à défendre,
tout au moins, une certaine portion d'espace en
conservant à la substance active qui remplit cette
portion d'espace les propriétés de la substance du
Stentor. Ce stentorage, c'est ce que nous appelons,
par définition, *la vie* de l'espèce stentor. Eh bien!
si nous coupons un Stentor en plusieurs tronçons,
il peut arriver que, dans un certain nombre de ces
tronçons, *le stentorage normal continue.* Cela
prouve péremptoirement que le Stentor, contraire-
ment à ce qui avait lieu pour la locomotive construite par l'homme, n'est pas le plus petit ouvrier
du stentorage, c'est-à-dire de la vie; il doit être
considéré comme une accumulation, comme une
association d'ouvriers plus petits que lui, qui exé-
cutent l'opération du stentorage; et cela nous
permet d'énoncer le théorème : que *les ouvriers
du phénomène vital d'assimilation sont de dimension
inférieure à la dimension cellulaire.*

THÉORÈME IV

**L'individu qui régénère sa forme après troncature
est un mécanisme unique.**

L'énoncé du théorème IV semble être la contradiction parfaite de l'énoncé du théorème III. Le
théorème III signifiait en effet que, le mécanisme

vital étant de dimension inférieure à la cellule, l'être unicellulaire, comme le Stentor, est, non pas un mécanisme unique, mais bien une agglomération d'un grand nombre de mécanismes distincts et plus petits. Cette dernière interprétation découle, en effet, d'une manière indiscutable, de l'observation du fait que la vie du Stentor continue dans un tronçon de Stentor. Et le théorème précédent rendrait compte de tout le phénomène, si l'on ne constatait pas que le tronçon de Stentor, continuant de vivre après troncature, *reconstruit la forme d'ensemble du Stentor!* Ainsi, il reste vrai que les ouvriers du stentorage sont de dimension plus petite que le Stentor lui-même; mais il n'en est pas moins vrai, aussi, que ces petits ouvriers juxtaposés ne peuvent pas s'empêcher, en exécutant la fonction d'assimilation stentorienne, *de construire une association qui a la forme d'ensemble d'un Stentor.*

Cette forme d'ensemble est une résultante de la fonction *stentorage ;* elle n'en est pas une condition nécessaire, puisqu'un tronçon de Stentor peut *stentorer* après la troncature, et *stentore* effectivement, sans avoir la forme spécifique, entre le moment où l'opération a lieu et celui où la forme d'ensemble est récupérée. Mais si la forme stentor n'est pas une condition indispensable du *stentorage,* elle en est, je le répète, une conséquence inévitable, et cela indique l'existence de liaisons sur lesquelles nous devons arrêter quelque temps notre attention.

Considérons, pour notre raisonnement, un Stentor presque complet, auquel nous avons seulement enlevé, d'un coup de scalpel, un petit morceau de sa substance superficielle, et réfléchissons à ce qui se passe au niveau de la plaie.

Si le morceau enlevé est peu considérable, nous pouvons nous dire que le retentissement de la lésion sur l'ensemble du Stentor n'est pas suffisant pour gêner sensiblement le stentorage des autres parties; *nous n'avons pas le droit de supposer que ce retentissement est nul.* En effet, si, dans tout le reste du Stentor, le fonctionnement nous parait continuer d'une façon normale, il ne s'en produit pas moins, au niveau de la plaie, une *reconstruction* qui, au bout d'un temps plus ou moins long, a restitué la forme spécifique primitive. Les parties nouvelles qui se reforment prennent, par rapport aux parties non touchées de l'animal, une attitude et une distribution qui sont définies par les propriétés spécifiques du Stentor. Il faudrait donc se faire de la construction des mécanismes vivants une idée tout à fait mystérieuse, pour supposer que ces parties intactes dans lesquelles la troncature n'a pas semblé apporter le moindre trouble ne prennent pas une part effective à un travail de reconstruction dans lequel leur disposition personnelle joue un rôle directeur.

En d'autres termes, puisque, dans les conditions normales de la vie du Stentor, l'ensemble de tous les petits ouvriers du stentorage construit, à chaque instant, activement[1], la forme d'ensemble stentor, c'est que cette forme d'ensemble est le résultat d'une *collaboration;* cette collaboration se fait d'une manière *spécifique,* puisque son résultat, la forme d'ensemble, est *spécifique;* en d'autres termes, cette collaboration mérite le nom de *coordination.*

Cette remarque nous fait comprendre que l'énoncé du théorème IV n'est pas, ce qu'il parait être d'abord, la négation de l'énoncé du théorème III. Les ouvriers du stentorage sont de dimension inférieure à la dimension stentor, c'est entendu, mais ces ouvriers ne sont pas indépendants les uns des autres; ils sont liés les uns aux autres de manière à produire toujours un travail d'ensemble qui réalise certaines conditions spécifiques; leur ensemble est donc un mécanisme unique, puisqu'il y a des liaisons entre tous les points de ce mécanisme. Ce que signifiait le théorème III, c'est seulement que les petits ouvriers du stentorage peuvent stentorer, même avant que la forme d'ensemble ait été récupérée après tron-

---

1. Il faut bien spécifier que la forme actuelle est *à chaque instant* un résultat d'une *activité* propre, pour opposer les êtres vivants aux cristaux auxquels on pourrait être tenté d'appliquer le présent théorème et ses corollaires.

cature; ils peuvent stentorer même lorsqu'ils font partie d'un tronçon informe, mais, s'ils stentorent, ils ne peuvent s'empêcher de reconstruire la forme d'ensemble de l'espèce. En d'autres termes, la forme stentor est la conséquence fatale du stentorage; mais la réciproque n'est pas vraie; la forme stentor n'est pas la condition nécessaire du stentorage. Il y a donc des liaisons entre tous les petits ouvriers qui construisent le Stentor, mais ces liaisons sont moins profondes que celles qui existent entre les parties constitutives d'un ouvrier considéré seul, puisqu'ils entraînent une nécessité constructive *dont la réciproque n'est pas vraie.* Cette question de la réciproque du théorème morphobiologique se présentera à nous avec une importance de premier ordre quand il s'agira de l'hérédité des caractères acquis; mais on sait que le mot réciproque n'est pas bien défini et que l'on peut énoncer plusieurs réciproques du même théorème. Arrêtons-nous d'abord à quelques conséquences du théorème IV.

Corollaire I. — *Il n'y a pas de lésion locale, il n'y a pas de phénomène local, chez un individu qui régénère sa forme après troncature.*

C'est là une vérité évidente si l'on accepte comme démontrée l'existence de liaisons qui déterminent la forme d'ensemble de l'individu : en effet, toute action locale déterminant une transformation locale met par là même en jeu toutes les liaisons de l'ensemble du corps, et réalise une coordination nouvelle qui a pour effet de lutter contre la transformation locale et de rétablir la forme normale d'équilibre. Cette coordination nouvelle dirigée contre la déformation locale est donc bien un retentissement d'ensemble; la lésion paraît locale pour l'observateur non averti [1]; elle est en réalité totale, puisqu'elle détermine une activité totale dont le résultat est précisément, en faisant disparaître la lésion locale, de rétablir la forme totale d'équilibre.

Il n'y a donc pas de phénomène local chez un individu; il n'y a que des phénomènes d'ensemble, c'est-à-dire *individuels*.

COROLLAIRE II. — *Il y a lieu de considérer des formes à diverses échelles.*

Nous avons remarqué, précédemment, que l'on ne saurait prendre au sens géométrique le mot « forme » employé dans l'expression : la forme totale de l'individu. Ou, du moins, si, *à chaque instant*, cette forme est définie géométriquement par la surface qui sépare le corps vivant de l'ambiance, elle change aussi sans cesse, au moins chez les espèces mobiles, par suite des mouvements de l'animal, mécanisme d'ensemble. Et deux formes

---

1. Elle serait en effet locale chez un cristal tronqué; voyez à ce sujet la note de l'avant-dernière page.

successives de cet animal ne sont pas superposables comme deux surfaces égales en géométrie. Il y a pourtant entre ces deux formes successives des relations assez étroites pour que nous *reconnaissions* que nous avons affaire à un même individu ayant seulement des *attitudes* différentes. Sans entrer dans une analyse mathématique qui présenterait de grandes difficultés [1], nous appellerons donc forme d'ensemble d'un individu considéré pendant une période assez courte de son existence, l'*ensemble des caractères auxquels nous reconnaissons cet individu*, malgré les différences nécessaires de ses attitudes successives.

Il faut spécifier que cette forme est définie pendant une période assez courte, car, au bout d'un temps assez long, par suite de ce qu'on appelle l'évolution individuelle, la forme d'ensemble a changé, indépendamment de toute question d'attitude; en particulier, pendant la période de croissance, les dimensions de l'animal se modifient assez vite et, même considérées avec la même attitude, deux formes de l'individu, prises à un assez long intervalle de temps, ne seraient pas superposables. On dit alors que l'animal a changé; c'est dans ce sens qu'il faut interpréter les variations individuelles constituant l'évolution de l'être depuis sa naissance jusqu'à sa mort.

1. Ici, comme dans la question de l'hérédité des caractères acquis, il faudrait avoir recours au calcul des variations.

Nous appelons donc forme d'un individu pendant une période assez courte de son existence l'ensemble des caractères auxquels nous reconnaissons que cet individu n'a pas sensiblement évolué pendant cette période. Pour que le langage soit rigoureux, il faudra que cette période soit infiniment courte ; nous le supposerons toujours dans nos raisonnements biologiques qui ont besoin d'une rigueur parfaite ; mais dans le langage courant, pour parler d'un être sans essayer de tirer de son étude des conclusions générales, nous pourrons étendre la longueur de la période jusqu'à l'intervalle de temps pendant lequel l'animal n'a pas sensiblement changé.

Donc, puisque nous ne donnons plus au mot forme son sens géométrique ; puisque nous définissons la forme par l'ensemble des caractères auxquels nous reconnaissons un mécanisme, il est évident que nous sommes conduits à parler de forme, même à des échelles inférieures à celle de la forme individuelle d'ensemble. En particulier, nous avons constaté l'existence des petits ouvriers de l'assimilation ; ces petits ouvriers sont fondus, pour l'observateur au microscope, dans la masse protoplasmique d'ensemble ; nous ne les voyons pas ; nous ne savons en aucun cas les délimiter, et cependant nous sommes sûrs qu'ils existent et qu'ils travaillent en collaboration à la construction de l'individu total dont ils font partie. Cet

individu total a des caractères individuels qui le
différencient des autres êtres vivants; puisque l'activité des petits ouvriers construit et entretient ces
caractères individuels, on peut affirmer que tous
ces petits ouvriers ont en commun des caractères
spéciaux qui sont en rapport avec cette construction
et cette restauration de l'individu total. Et puisque
nous sommes amenés à parler de la forme de ces
petits ouvriers, nous pouvons affirmer qu'il y a
dans les formes de ces petits ouvriers, des caractères communs qui dirigent la construction de la
forme d'ensemble de la masse protoplasmique.

Je ne dis pas que ces petits ouvriers ont la même
forme : il me semble certain, au contraire, que
chacun d'eux doit avoir des caractères spéciaux
suivant la place qu'il occupe dans la collaboration
d'ensemble; mais, du fait que ces petits ouvriers
collaborent à une œuvre unique et défendent cette
œuvre unique contre les causes extérieures de destruction (en la restaurant après troncature, par
exemple), je conclus avec certitude qu'il y a quelque
chose de commun à tous ces petits ouvriers malgré
les différences probables qui les distinguent. Chacun a sa forme, sans doute, mais il y a un ensemble de caractères communs à toutes les formes de
ces petits ouvriers; cet ensemble de caractères
communs se retrouve donc en tous les points de la
masse protoplasmique totale. L'existence de cet
ensemble de caractères communs, certaine pour

11.

ceux qui ont admis les raisonnements précédents, détermine ce que j'ai appelé autrefois *l'unité de composition de l'être vivant*, le *patrimoine individuel*.

Nous n'avons pas spécifié la dimension des petits ouvriers de l'assimilation ; il semble bien qu'on ne s'avancerait guère en déclarant qu'ils sont de l'échelle colloïde. L'unité de leur patrimoine individuel pourrait consister dans l'unité de leur composition chimique ; mais ce ne sont là que des formules provisoires destinées à rendre le langage moins abstrait.

LIAISON ENTRE PHÉNOMÈNES A ÉCHELLES DIFFÉRENTES. ACTION ET RÉACTION. — INDIVIDU-MÉCANISME

La collaboration des petits ouvriers de l'assimilation a pour résultat de *construire*, à chaque instant, une forme d'ensemble de dimension supérieure. Il y a donc une liaison évidente entre les activités personnelles des petits ouvriers et l'activité totale du mécanisme d'ensemble qu'est l'individu, puisque celle-ci est la résultante de celles-là. En d'autres termes, il y a une liaison certaine entre l'activité de l'individu à l'échelle colloïde ou protoplasmique et son activité à l'échelle supérieure ou individuelle. En vertu du principe de l'action et de la réaction, il est inadmissible que, réciproquement, certaines relations de cause à effet n'existent pas entre le fonctionnement du mécanisme d'ensemble et celui des petits mécanismes assimilateurs.

La forme de la surface limitant l'individu à un moment donné est le résultat d'une résistance à l'envahissement de son contenu par les facteurs extérieurs. Cette résistance provient directement de l'activité actuelle des petits ouvriers. La surface est définie par l'équilibre entre les réactions défensives des phénomènes élémentaires d'assimilation et les entreprises conquérantes des facteurs du milieu. On peut donc considérer cette surface comme étant une membrane tendue entre la réaction interne de l'individu et l'action des facteurs externes. A un moment donné il y a équilibre entre l'action et la réaction; c'est cet équilibre qui est la cause de la forme de l'animal.

Toutes les choses restant en l'état, je suppose qu'une contrainte extérieure intervienne pour modifier la forme résultant de l'équilibre précédemment réalisé; je suppose que, par exemple, je saisisse le protozoaire entre les deux extrémités d'une petite pince, et que j'exerce sur lui une pression, sans l'écraser. Par l'effet de la *contrainte* ainsi réalisée, le corps de l'animal est déformé. Or, en l'absence de cette contrainte, l'activité des petits ouvriers de l'assimilation construisait la forme normale de l'individu (elle reconstruit d'ailleurs cette forme dès que la contrainte a cessé); on peut

donc en conclure que cette contrainte extérieure de
dimension individuelle[1] se traduit, à l'échelle des
ouvriers de l'assimilation, par une contrainte correspondante qui gêne le fonctionnement personnel
de chaque ouvrier; là encore il n'y a pas eu phénomène local, lésion locale, mais bien phénomène
d'ensemble intéressant toute l'étendue de l'individu. Ce qu'il nous importe surtout de remarquer,
c'est que cette contrainte de dimension individuelle,
ayant modifié mécaniquement la forme de la surface qui résulte de l'équilibre entre les actions
internes et les réactions externes, a un retentissement sur ce qui se passe à une échelle inférieure.
Nous savions déjà, puisque les travaux assimilateurs construisaient la forme d'ensemble, qu'il y
avait relation de cause à effet entre les actions de
dimension colloïde et la forme totale de l'individu;
nous voyons, maintenant, que la réciproque est au
moins partiellement vraie, et qu'il y a aussi des
relations de cause à effet entre certaines actions
de la dimension de l'individu d'ensemble et l'activité à l'échelle assimilatrice.

Ces contraintes extérieures, intervenant mécaniquement pour changer la forme d'équilibre d'un
individu vivant, ont donc une répercussion sur

---

1. J'emploie l'expression abrégée « dimension individuelle »
pour représenter l'échelle des phénomènes qui se passent
entre objets du même ordre de grandeur que l'individu
total.

l'activité des petits ouvriers de l'assimilation; et, par conséquent, on peut parler de ces contraintes comme de l'un des facteurs B qui déterminaient le fonctionnement (A $\times$ B). Ceci nous permet un langage très général. Nous y arriverons en appelant *contrainte* toute intervention d'un facteur B quelconque, qui lutte contre l'état d'équilibre dans lequel se trouverait A en dehors de son intervention guerrière; autrement dit, nous appelons contrainte toute intervention extérieure *nouvelle*, introduite dans les conditions de vie d'un individu A qui avait un état d'équilibre réalisé d'avance en dehors de cette intervention. Les facteurs déterminant le fonctionnement à chaque instant entreront donc *tous* dans cette catégorie, et les considérations précédentes nous auront seulement amenés à un langage plus général.

En particulier, nous allons pouvoir immédiatement appliquer au cas des contraintes mécaniques réalisées par des pressions extérieures les théorèmes I et II que nous avons dû considérer précédemment comme absolument généraux. Nous pourrons répéter, pour le cas des contraintes mécaniques, ce que nous avons dit plus haut (p. 85) pour les contraintes d'ordre rythmique ou alimentaire, et nous arriverons, en fin de compte, à établir la loi fondamentale d'habitude sous sa forme la plus générale : **La nature a horreur de la contrainte.** Mais il vaut mieux d'abord tirer des considérations précédentes tout ce qu'elles peuvent nous suggérer relativement à l'unité du mécanisme individuel.

Il n'y a pas de lésion locale, avons-nous dit; il n'y a pas de phénomène local chez un individu qui répare ses troncatures. On pourrait dire de même : il n'y a pas de phénomène se passant à une seule échelle.

Quand on coupe un morceau de bois, cela constitue un phénomène à l'échelle mécanique, mais, sauf pour les points de la surface de section, points auxquels une variation chimique ou colloïde peut résulter de l'action directe de l'instrument tranchant employé, il n'y a, dans l'épaisseur du bois, aucune variation en rapport avec le phénomène mécanique considéré. Au contraire, quand on agit mécaniquement sur un protozoaire, la déformation produite à l'échelle mécanique retentit fatalement sur l'état d'équilibre de tous les petits ouvriers d'assimilation; il y a des liaisons de cause à effet entre les phénomènes qui se passent à l'échelle mécanique et ceux qui se produisent à l'échelle colloïde ou même à l'échelle chimique. La réciproque a été démontrée tout à l'heure puisque les phénomènes d'assimilation construisent la forme d'ensemble. Les phénomènes qui se passent dans un être vivant ne sont donc, particulièrement, ni des phénomènes à l'échelle mécanique, ni des phénomènes à l'échelle colloïde, ni des phénomènes à l'échelle chimique ; il se passe fatalement quelque chose aux diverses échelles, quand un phénomène peut être constaté à l'une quelconque d'entre elles. Et, quand nous observons un phénomène mécanique par exemple, il ne faut pas dire : voilà un phénomène purement mécanique. C'est un phénomène total, qui intéresse l'être vivant à toutes les échelles ; si nous le décrivons à l'échelle mécanique, c'est uniquement parce qu'il est plus évident pour nous à cette échelle.

Tout cela nous amène à considérer l'être qui régénère sa forme après troncature, comme un *individu-mécanisme*, au sens que j'ai défini ailleurs [1]. On peut résumer la définition de cet individu-mécanisme en disant que *tout se tient en lui, à toutes les échelles*, et que, par conséquent, si l'on connaît l'histoire de la variation d'un phénomène décrit localement dans cet individu au cours de son évolution individuelle, on connaît l'équivalent de l'histoire de toutes les variations synchrones que la fantaisie de l'observateur peut choisir dans l'histoire totale de l'individu. En particulier, l'histoire totale de l'individu est, elle-même, connue, en principe, de l'observateur qui connaît intégralement l'histoire locale d'une partie quelconque de cet individu, étudiée à une échelle quelconque, choisie *ad libitum*. Quand nous serons assurés de la

----

1. V. *Contre la Métaphysique*, chap. V.

solidité de cette conclusion, nous pourrons donc, à chaque instant, étudier l'histoire d'un être vivant à l'échelle qui nous conviendra le mieux dans chaque cas particulier; nous serons sûrs néanmoins de connaître l'équivalent de son histoire totale. Cela est très important au point de vue de la méthode biologique.

Toutes ces remarques nous amènent à comprendre l'étrange complexité des phénomènes compris dans notre formule symbolique de tout à l'heure (A×B). S'il ne s'agissait que de A, la question serait relativement simple, puisque A étant un individu-mécanisme, sa définition actuelle serait complète, pourvu qu'elle fût bien faite à une échelle quelconque convenablement choisie. Mais B, ensemble des facteurs extérieurs, n'est pas dans le même cas. B est un chaos de facteurs de toutes les échelles, et il n'y a aucune liaison nécessaire entre ces facteurs. Il faudra donc que B soit défini à toutes les échelles sans exception; le symbole B désignera à la fois des facteurs de l'échelle mécanique (pressions, chocs), des facteurs colloïdes (aliments, toxines), des facteurs rythmiques (lumière, son), des facteurs chimiques et enfin d'autres facteurs vivants. Et tous ces facteurs interviendront sans ordre préétabli, sans liaison, c'est-à-dire au hasard[1]. Quoi qu'il en soit, la for-

____

1. V. *le Chaos et l'Harmonie universelle, op. cit.*

mule symbolique (A $\times$ B) représente *toute* l'activité de l'individu A au moment considéré. Ce que viennent de nous enseigner les expériences de mérotomie, c'est que la *forme* actuelle de l'individu total est l'un des facteurs, si l'on veut, mais aussi l'une des conséquences de l'activité actuelle de l'être. *L'être vivant construit sa forme à chaque instant.* Mais la forme du moment précédent étant un des facteurs de la construction de la forme au moment suivant, on peut appliquer à la forme, comme aux autres qualités de l'individu, l'énoncé du théorème I qui est le théorème fondamental d'assimilation. La forme totale au temps $t + dt$ est personnelle par rapport à la forme au temps t; c'est pour cela que nous continuons à reconnaître l'animal.

D'autre part, à cause des liaisons entre les phénomènes à l'échelle mécanique et les phénomènes qui se passent aux échelles inférieures, un morceau de substance vivante, détaché de l'individu par un coup de scalpel, et capable de continuer à vivre, reconstruit fatalement la forme spécifique de l'être considéré. C'est là le *théorème morphobiologique* ou *théorème d'hérédité*. Il est compris dans tous les énoncés qui expriment les liaisons entre phénomènes à diverses échelles dans l'être vivant; on peut lui donner une forme plus explicite en disant :

Théorème V

Il y a des liaisons entre les phénomènes de l'échelle protoplasmique et ceux de l'échelle mécanique [1].

La réciproque de ce théorème, que nous établirons plus tard avec toutes les restrictions qu'elle comporte, nous enseignera l'hérédité des caractères acquis; nous y arriverons après avoir énoncé le théorème fondamental de l'habitude.

A ant d'aller plus loin, nous devons faire une enquête rapide sur le degré de généralité du théorème d'hérédité.

INDIVIDUS PLURICELLULAIRES; HOMME

Tout ce que nous avons dit depuis le commencement de ce chapitre est relatif à des êtres unicellulaires comme le Stentor. Dans la préface de cet ouvrage, nous avons vu que les résultats des expériences de mérotomie se retrouvent chez toutes les espèces unicellulaires étudiées, sauf chez la Paramécie, à propos de laquelle M. Balbiani a constaté une exception. Nous avons dit (p. 20) ce qu'il faut penser de cette exception, et nous

1. J'ai longuement comparé ailleurs le théorème morpho-biologique avec les phénomènes de cristallisation. V. *le Chaos et l'Harmonie universelle.*

énonçons nos théorèmes comme généraux pour tous les individus unicellulaires.

Mais il faut bien remarquer que nous n'avons jamais tiré parti, pour l'établissement de nos théorèmes, de la continuité de la substance vivante qui caractérise les êtres unicellulaires; nous nous sommes seulement servis de ces deux constatations :

1° L'être vivant construit sa forme au cours de ses fonctionnements successifs ;

2° L'être vivant régénère sa forme après troncature.

Toutes nos conclusions seront donc vraies, sans qu'il soit besoin d'aucun nouveau raisonnement, pour toutes les espèces dans lesquelles les individus présenteront ces deux particularités, même si ces individus sont pluricellulaires, c'est-à-dire si leur substance vivante, au lieu d'être continue, est formée d'une agglomération de petites masses comparables à des êtres unicellulaires et séparées les unes des autres par des cloisons de substance non vivante.

Or, pour tous les êtres vivants, quels qu'ils soient, la première des propositions précédentes est toujours vraie : l'être vivant construit sa forme au cours de ses fonctionnements successifs. C'est même là, sans doute, le trait le plus caractéristique des êtres vivants. A la rigueur, cette proposition, bien interprétée, eût suffi à l'établissement de tous nos théorèmes; il suffit en effet de relire les pages précédentes pour constater aisément que les expériences de mérotomie, expériences grossières s'il en fut, n'ont servi qu'à éveiller chez nous des idées que nous eussions pu tirer du fait de l'évolution individuelle. Nous ne devrons donc pas tenir trop grand compte du fait que, chez beaucoup d'êtres pluricellulaires, il n'y a pas régénération après troncature. Le fait même qu'un être pluricellulaire se compose de petites masses vivantes *séparées par des cloisons de substance inerte,* prouve que, chez tout être unicellulaire, il y a *tout un squelette résistant,* formé précisément de l'ensemble de ces cloisons, et qui, une fois construit, joue un rôle de premier ordre dans la conservation de la forme du corps. Ce squelette, la substance vivante le construit en construisant le corps, mais une fois que le squelette est construit, la substance vivante n'a plus à faire à chaque instant l'effort total de construction; elle n'a plus qu'à *habiller* de protoplasma le squelette résistant. Et, en vertu de la loi de désuétude, corollaire évident de la loi d'habitude que nous avons déjà signalée, cette substance vivante, n'ayant plus à construire à chaque instant le corps entier, en perd quelquefois la capacité. Aussi, quoique la régénération des membres coupés se fasse encore chez quelques animaux supérieurs (triton, par exemple), elle ne se réalise plus chez la plupart, chez l'homme par exemple. Si l'on coupe le bras d'un homme, la substance d'homme se contentera désormais d'habiller un squelette d'homme manchot; elle ne reconstruira pas la main coupée, quoiqu'elle l'ait construite une première fois, au cours du développement normal de l'individu.

D'ailleurs, des expériences de mérotomie conduites avec soin ont montré que, chez toutes les espèces pluricellulaires, on peut déterminer un âge, plus ou moins précoce suivant les cas, et jusqu'auquel la régénération a toujours lieu après troncature. Nous n'aurons donc aucune peine à généraliser les lois précédemment établies, et à les énoncer pour l'ensemble des êtres vivants, y compris l'homme qui nous intéresse plus que tous les autres.

Mais il faudra, dans chaque espèce étudiée, que nous recherchions d'abord quel est le corps vivant qui mérite le nom d'individu. Pour y arriver, revenons d'abord à nos protozoaires.

Dans le groupe des *vorticelliens*, par exemple, il y a des espèces dont les cellules sont isolées les unes des autres. Pour celles-là, la définition est immédiate : l'individu est la cellule.

Mais il y en a d'autres, très voisines des premières par leur forme cellulaire, et dans lesquelles cependant plusieurs cellules restent adhérentes les unes aux autres, formant une agglomération qui ressemble à un bouquet de fleurs. Que sera l'individu dans ce nouveau cas? Les expériences de mérotomie répondent aisément; l'individu ici, c'est encore la cellule; on peut séparer les fleurs du bouquet sans que la régénération du bouquet soit fatale; pourtant, si la cellule isolée continue de vivre, elle reconstruit naturellement une agglomération de cellules adhérentes, puisque cette adhérence des cellules nouvelles est une propriété spécifique; mais les bouquets n'ont pas la même forme *en tant que bouquet;* ce sont des agglomérations d'un nombre quelconque de cellules disposées de manières variées. Deux bouquets ne sont pas superposables; deux cellules le sont. On dira donc dans ce cas que l'individu est la cellule ; c'est la cellule qui se régénère après troncature; la cellule est, dans l'espèce considérée, *la plus haute unité morphologique héréditaire.*

Cette définition va se généraliser à l'ensemble des êtres vivants. J'ai longuement étudié ailleurs[1] comment des agglomérations cellulaires peuvent prendre le caractère d'individus. Je renvoie le lecteur à mon autre ouvrage pour le détail de la question.

Il résulte de cela qu'il y a des individualités de divers ordres. Même, en effet, quand elle fait partie d'une agglomération individualisée, la cellule n'en jouit pas moins de toutes ses propriétés d'*individu-mécanisme;* mais elle est devenue un simple ouvrier

1. *L'Unité dans l'être vivant, op. cit.*

de l'agglomération supérieure, comme elle est elle-même une agglomération d'ouvriers assimilateurs de dimension inférieure. Pour l'homme donc, et pour les autres espèces élevées en organisation, il y aura une échelle de plus. L'individu-homme sera le siège de phénomènes à l'échelle homme, qui seront liés aux phénomènes à l'échelle cellulaire, lesquels seront liés à leur tour aux phénomènes de l'échelle colloïde, etc. Et l'ensemble formera un tout parfaitement unique, un individu-mécanisme, puisque la substance d'homme construit l'homme au cours de son évolution.

Mais nous devons rappeler ici quelques-unes des remarques que nous avons faites précédemment à propos du Stentor.

D'abord, le réciproque du théorème morphobiologique ne paraît pas aussi rigoureuse que le théorème lui-même. Sans doute, les liaisons qui unissent l'échelle humaine à l'échelle colloïde sont parfaitement établies, puisque l'œuf d'homme construit l'homme, mais, de même que les petits ouvriers du stentorage pouvaient *stentorer*, au moins pendant quelque temps, même dans un Stentor tronqué, de même, des cellules d'homme peuvent *hommer*, quelque temps au moins, sans faire partie d'un homme complet (culture des cellules humaines). Il y a donc plus d'indépendance de la cellule vis-à-vis de l'homme que de l'homme vis-à-vis de la cellule. Et, en particulier, dans les cas de maladie, les cellules de l'homme peuvent agir pour leur compte, dans la lutte contre les microbes, de sorte que dans ces cas, à un certain point de vue au moins, l'homme doit être considéré comme un champ de bataille et non plus comme un individu[1].

En d'autres termes, du moment qu'il y a agglomération de cellules, ce n'est plus que dans certaines conditions que cette agglomération mérite le nom d'individu-mécanisme. Les liaisons, trop lointaines, deviennent plus lâches ; elles restent inexorables dans le sens ascendant, du protoplasma à l'homme ; elles ne sont établies dans le sens descendant, de l'homme au protoplasma, que lorsque l'homme est un mécanisme très adapté aux conditions dans lesquelles il se trouve, en d'autres termes, lorsque l'homme est en parfaite santé. Nous étudierons les relations dans le sens descendant, de l'homme au protoplasma, quand nous nous occuperons de la question fondamentale de l'hérédité des caractères acquis. Pour le moment, faisons encore quelques remarques évidentes, relativement aux individus pluricellulaires.

Tout à l'heure, quand il s'agissait du Stentor, nous avons tiré certaines conclusions du fait que le Stentor construit lui-même sa forme et la régénère après troncature, sans faire intervenir dans nos raisonnements le fait que le Stentor était une

1. V. *le Chaos et l'Harmonie universelle*.

masse vivante continue. Toutes ces conclusions seront évidemment valables pour les êtres pluricellulaires qui sont des individus-mécanismes, quoique la substance vivante de ces êtres soit morcelée en petites masses séparées par des cloisons de substance inerte. Nous pourrons même, évidemment, passer directement des petits ouvriers de l'assimilation à l'individu d'ensemble qui est construit par ces petits ouvriers, sans nous préoccuper de l'étape cellulaire intermédiaire. Et nous serons immédiatement amenés ainsi à affirmer l'existence de l'unité de composition de l'être vivant, malgré son apparence hétérogène. Entre tous les petits ouvriers de l'assimilation, et malgré les différences qui les séparent à cause de leur distribution topographique, il y a quelque chose de commun qui est personnel à l'individu total et qui fait que cet individu total diffère des autres individus ; c'est ce que j'ai appelé le patrimoine individuel ; il est la marque et la cause efficiente de l'unité du mécanisme individuel. Mais, aux divers points de l'individu, tous ces petits ouvriers construisent d'abord des mécanismes d'ordre inférieur, les cellules, qui sont comparables à des protozoaires. Les diverses cellules se distinguent les unes des autres par des caractères personnels très évidents ; une cellule hépatique est extrêmement différente d'un neurone ou d'un élément musculaire ; mais, du moment que ces diverses

cellules font partie d'une individualité d'ordre
supérieur, d'un poisson ou d'un homme, par exemple, elles ont fatalement toutes en commun un
caractère que l'étude microscopique ne saurait
révéler, et que nos raisonnements ont suffi à mettre
en évidence, à savoir le *patrimoine individuel* de
l'individu total. C'est ce que j'ai exprimé jadis en
disant que chez deux individus, Pierre et Paul, deux
cellules prises au même endroit du corps paraissent
identiques à l'histologiste ; elles sont néanmoins
essentiellement différentes en ce sens que l'une est
formée de substance Pierre et l'autre de substance
Paul. Un élément-foie et un neurone de Pierre
paraissent et sont effectivement très différents à
certains points de vue ; mais ils ont cependant en
commun le patrimoine-individuel Pierre, et, à ce
point de vue au moins, sont plus voisins l'un de
l'autre que ne le sont un leucocyte de Pierre et un
leucocyte de Paul, entre lesquels les histologistes
ne sauraient pas établir de distinction. Ainsi les
raisonnements nous ont conduits à une conception
fondamentale que l'histologie n'aurait pu nous
suggérer. Une démonstration expérimentale directe
de cette unité dé composition de l'individu-mécanisme pourra sans doute nous être fournie par une
application judicieuse du théorème de Bordet (Au-
tolyse et sérums autolytiques), mais, dès maintenant, nos raisonnements nous permettent d'affirmer, sans hésitation, l'existence du patrimoine

héréditaire commun, non seulement à toutes les cellules, mais à tous les petits ouvriers assimilateurs de toutes les cellules composant un individu-mécanisme bien portant, c'est-à-dire adapté à ses conditions actuelles d'existence.

C'est encore là l'un des théorèmes fondamentaux de la Biologie.

THÉORÈME VI

Dans tout individu-mécanisme adapté à ses conditions actuelles de milieu, toutes les cellules et même tous les petits ouvriers de l'assimilation ont en commun un ensemble de propriétés personnelles qui est la caractéristique de l'individu, le patrimoine individuel.

Il a fallu introduire, dans cet énoncé, la notion d'adaptation qui n'a pu encore être étudiée ; tout se tient tellement en Biologie qu'il est à peu près impossible de séparer les questions les unes des autres ; notre analyse verbale est forcément artificielle. Nous aurions pu cependant supprimer, dans l'énoncé du théorème VI, cette considération de l'adaptation définissant la santé, car, en réalité, un homme malade n'est plus à un certain point de vue un individu-mécanisme, mais bien un champ de bataille, dans lequel le véritable individu-mécanisme est de dimension cellulaire. Et il se peut que, sur ce champ de bataille, certaines cellules agissant en dehors de la communauté et luttant pour leur propre compte acquièrent des caractères, des habitudes personnelles, qui les rendent différentes de leurs congénères au point de vue du patrimoine individuel primitivement commun à toutes. C'est à l'acquisition personnelle de certains caractères cellulaires non communs à l'ensemble, que j'ai attribué les phénomènes d'anaphylaxie qui semblent à première vue en contradiction avec la loi d'habitude [1].

Pour le philosophe, l'unité de constitution d'un mécanisme aussi hétérogène, en apparence, qu'un homme ou un chien, est extrêmement importante à plusieurs égards.

C'est pour n'avoir pas compris que cette unité de composition est abondamment démontrée par les faits les plus ordinaires de la vie, que beaucoup de naturalistes ont nié l'hérédité des caractères acquis, et déclaré que cette hérédité ne peut se comprendre, annulant ainsi, de gaieté de cœur, le principe fondamental de l'évolution des espèces; nous montrerons un peu plus loin que la transmission héréditaire des caractères acquis par un individu-mécanisme n'est que l'une des réciproques possibles du théorème morphobiologique.

A un autre point de vue, l'unité de constitution de l'individu-mécanisme a encore une très grande

1. V. *la Stabilité de la Vie*, op. cit.

valeur philosophique. Elle permet de concevoir en effet la possibilité de raconter, dans un langage simple, le fonctionnement d'ensemble d'un être aussi hétérogène en apparence que l'homme ; elle permet de constater sans étonnement, malgré la connaissance de la complexité histologique d'un mammifère, la possibilité de faire de ce mammifère le sujet d'un verbe dans une phrase vraiment correcte au point de vue physiologique. Et, par conséquent, elle met d'accord, jusqu'à un certain point, les anciennes théories animistes et la certitude, actuellement établie, que tout est matériel dans le fonctionnement total de l'homme. On peut, si l'on a beaucoup de tendresse pour les vieilles formes de langage, parler encore de l'âme de l'homme (ou du chien ou du cheval), ce mot représentant, à l'instant considéré, la synthèse actuelle du mécanisme d'ensemble qui est vraiment *un*, pourvu, bien entendu, que l'on n'ait pas la prétention d'attribuer à cette âme une existence indépendante de celle du corps, et que l'on ne nie pas qu'elle disparaît dès que se détruit, à la mort, la coordination du mécanisme corporel. Avant d'aller plus loin dans les considérations relatives aux êtres supérieurs, nous devons tirer encore, des expériences de mérotomie, des conclusions relatives à la vie cellulaire seule. Cela sera intéressant pour le biologiste, car, si nous ne nous soucions pas trop des nécessités vitales des protozoaires, nous ne pouvons manquer d'accorder beaucoup d'intérêt aux nécessités vitales des cellules, qui ressemblent aux protozoaires, et qui construisent notre individu. Les résultats que nous allons passer maintenant en revue sont, rigoureusement parlant, les seuls résultats proprement dits des expériences de mérotomie. Pour tout ce que nous venons de dire, les expériences de mérotomie n'ont joué, je le répète, que le rôle d'éveilleurs d'idées. Nous aurions pu arriver à toutes nos conclusions en observant que l'œuf construit l'adulte.

THÉORÈME VII

La vie de l'être unicellulaire, et de la cellule en général, est un phénomène bipolaire.

Toutes les expériences de mérotomie sont d'accord à ce sujet; il n'y a aucune exception. Aucun morceau de cellule ne peut continuer de vivre s'il ne contient à la fois une certaine masse de cytoplasma[1] et une certaine masse de noyau. Ni le cytoplasma seul, ni le noyau seul ne peut exécuter le fonctionnement assimilateur. Mais, il faut bien

1. On a l'habitude d'appeler cytoplasma toute la masse de substance vivante qui est autour du noyau. Le mot protoplasma s'applique ordinairement à l'ensemble des substances nucléaires et protoplasmiques.

remarquer que la présence de *tout le noyau* n'est pas nécessaire. Reprenant notre comparaison de tout à l'heure avec des locomotives, nous devons donc nous dire que le noyau, de même que la cellule tout entière, n'est pas un mécanisme d'ensemble indispensable au fonctionnement vital. Il y a, dans le noyau comme dans le reste de la cellule, de petits ouvriers nucléaires, *plus petits que le noyau*, et qui travaillent à l'assimilation. Mais, les expériences de mérotomie l'ont prouvé, les petits ouvriers nucléaires ne peuvent pas, à eux seuls, assurer la vie ; l'assimilation ne peut résulter que d'une collaboration entre des ouvriers nucléaires et des ouvriers cytoplasmiques. En réduisant, par la pensée, le mécanisme vital au minimum, on peut donc énoncer cette loi : *le plus petit agent de l'assimilation est un couple formé d'un ouvrier nucléaire et d'un ouvrier cytoplasmique.* En d'autres termes, cet agent le plus petit a deux pôles, comme une pile électrique, un pôle dans le noyau et un pôle dans le cytoplasma. Il faut, en outre, que ces deux pôles se trouvent en continuité protoplasmique, car un morceau de noyau flottant dans l'eau, à côté du morceau du cytoplasma de la même espèce, n'assure pas l'assimilation.

Dans le phénomène de régénération qui suit la troncature, la forme spécifique du noyau se régénère comme la forme d'ensemble de l'être unicellulaire ; la forme du noyau est, comme la forme cellulaire totale, un témoin, une conséquence de l'activité d'ensemble de la cellule. Nous nous contentons de signaler pour le moment cette bipolarité cellulaire, démontrée par les expériences de mérotomie. Nous aurons affaire à une autre bipolarité cellulaire, qui est *peut-être* différente de la bipolarité *cytoplasma-noyau*, quand nous nous occuperons de la maturation sexuelle et de la fécondation.

CHAPITRE IV

La Contrainte, l'Habitude et les Caractères acquis.

HABITUDE OU ADAPTATION

Quoique nous ayons surtout envisagé, au chapitre II, les conséquences immédiates d'un fonctionnement, c'est-à-dire ce qui résulte de la lutte établie pendant un temps très court entre un organisme A et un milieu B, nous n'avons pu nous empêcher de signaler (v. pp. 85 et *sq*) ce qui se passe quand *les mêmes facteurs* du milieu B restent longtemps en lutte avec l'organisme A. La formule momentanée $(A \times B)$ *définit* une fonction momentanée et l'organe momentané de cette fonction. Si les conditions sont telles que *la même* fonction momentanée reste définie pendant un grand nombre de moments successifs, il en résulte que, par assimilation fonctionnelle, l'organe longtemps *défini* dans l'organisme A se trouve finalement *créé* dans

13.

cet organisme, au point d'y exister ensuite, même lorsque les conditions B auront changé et ne *défi- niront* plus la fonction correspondante. On dira alors que *la fonction a créé l'organe*, ou, si l'on préfère, que A *a acquis un caractère*. Ceci est un fait trop important pour que nous ne nous arrêtions pas quelque temps à son étude. Il faut surtout préciser le langage, et nos équations symboliques nous seront fort utiles à cet effet.

Je considère le même individu A à deux moments t_1 et t_n de son existence, et je suppose que l'intervalle de t_1 à t_n soit considérable. Pour raconter l'évolution individuelle de A entre le moment t_1 et le moment t_n, je découperai l'intervalle de t_1 à t_n en un très grand nombre n de petites tranches successives qui seront limitées par les temps t_1, t_2, t_3..... t_n. La forme de A (je comprends sous le mot forme l'ensemble de tous ses caractères à toutes les échelles,) sera A_1 au temps t_1, A_2 au temps t_2..... etc., A_n au temps t_n. Les états correspondants de l'ambiance aux mêmes instants seront B_1, B_2..... B_n. Et je saurai que, par définition, A_1 au temps t_1, est l'organe de la fonction $(A_1 \times B_1)$; A_2 résultera de ce qu'était A_1 et de la fonction $(A_1 \times B_1)$ qu'il a accomplie pendant le temps très court qui sépare t_1 de t_2. Et ainsi de suite. C'est ce qu'expriment nos équations symboliques :

$$A_1 + (A_1 \times B_1) = A_2 ;$$

$$A_2 + (A_2 \times B_2) = A_3;$$

$$\cdot \quad \cdot \quad \cdot \quad \cdot \quad \cdot \quad \cdot \quad \cdot \quad \cdot \quad \cdot \quad \cdot \quad \cdot \quad \cdot$$

$$A_{n-1} + (A_{n-1} \times B_{n-1}) = A_n.$$

Chacune de ces équations successives représente un fonctionnement, une tranche de vie. Le résultat total est que, du temps t_1 au temps t_n, l'individu A a *évolué*; il a passé de l'état A_1 à l'état A_n; et nous sommes certains que les différences constatables entre A_1 et A_n sont entièrement définies, d'une part, par ce qu'était A_1 au début de la période étudiée, d'autre part, par ce qu'ont été les ensembles successifs des facteurs ambiants, B_1, B_2.... B_n.

Les ensembles successifs B_1, B_2.... B_n sont quelconques, c'est-à-dire qu'ils se réalisent en dehors de A; à chaque instant, en effet, arrivent, dans l'ambiance immédiate de A, *des facteurs nouveaux* qui viennent d'ailleurs et qui n'étaient pas prévus dans l'ensemble des facteurs précédents avec lesquels ils ne présentent aucune liaison. Ces facteurs nouveaux constituent les *hasards*, les *contingences* de la vie de A.

Mais il ne faut pas oublier cependant, ce que nos équations symboliques ne mentionnent pas, que le fonctionnement $(A \times B)$ amène à chaque instant des résultats *personnels* à A dans l'ambiance B. Nous avons appliqué les théorèmes I et II à ce que devient A, mais ces théorèmes se manifestent aussi dans ce que devient B. Le milieu, après le fonctionnement, porte la trace de la personnalité de l'individu qui a fonctionné. Par exemple, du moût dans lequel a vécu de la levure de bière est devenu de la bière; il serait devenu tout autre chose s'il avait hébergé un autre hôte. Si l'on voulait établir, relativement à la succession des milieux B, des équations symboliques analogues à celles qui nous ont servi pour représenter l'évolution de A, il faudrait les écrire sur ce modèle :

$$B_2 = B_1 + (B_1 \times A_1) + H.$$

H représente le hasard, c'est-à-dire l'apport dans le milieu de facteurs nouveaux et imprévus, la variation du milieu indépendante de l'action personnelle de A. On lirait cette formule de la manière suivante :

Le milieu, au temps t_2, résulte de ce qu'était le milieu au temps t_1, de ce qu'a fait A pendant l'intervalle de t_1 à t_2, et du hasard. Je ne m'occupe pas pour le moment de ce qu'on appelle l'intelligence de l'individu A; cette intelligence est d'autant plus prévoyante que l'importance du hasard est moindre dans la réalisation des conditions successives de la vie de A. On comprend d'ailleurs que le hasard est, pour la conservation de la vie de l'individu, une source continuelle de dangers; il y a un grand nombre de hasards mortels. Nous supposerons simplement, pour nos raisonnements actuels, que la vie de l'individu A a continué depuis t_1 jusqu'à t_n, c'est-à-dire que A n'a pas rencontré de hasard mortel pour lui (absence d'éléments indispensables ou présence d'éléments nuisibles). Si tel n'était pas le cas, A sortirait du cadre de notre étude et n'intéresserait plus le biologiste.

Nous tirons une première conséquence de cette constatation, c'est que deux individus A, identiques à un moment donné de leur existence, ne peuvent diverger l'un de l'autre indéfiniment malgré l'influence du milieu extérieur dans leur évolution individuelle. La nature même de leur constitution A, fait que ces deux individus ont mêmes besoins et courent mêmes dangers; pour que leur vie continue, il ne faut donc pas que la série éducative B_1, B_2.... B_n sorte, pour l'un ou l'autre, d'un cadre relativement restreint (absence de hasard mortel). Voilà une première raison pour que deux êtres de même espèce restent comparables pendant leur vie; nous en trouverons plus tard une seconde dans ce que nous avons appelé précédemment la limitation de l'imitation.

Revenons à nos formules symboliques, et considérons deux individus assez voisins par leur structure pour que leurs besoins et leurs dangers soient à peu près les mêmes. Si ces deux individus continuent de vivre dans des milieux *quelconques*, on doit penser que le rôle de l'hérédité sera bien plus considérable, dans leur évolution, que celui de l'éducation, en d'autres termes, que les facteurs A seront bien plus importants que les facteurs B dans la direction de leur vie individuelle. Si en effet les milieux sont quelconques, c'est-à-dire si la variation de ces milieux n'est soumise à aucune loi (sous réserve bien entendu des éléments nécessaires à la vie des deux individus, éléments qui sont les mêmes pour l'un et pour l'autre), si, dis-je, les milieux sont quelconques, les apports II que subit le milieu B chaque fois que l'on passe d'une tranche de vie à la suivante seront absolument quelconques par définition. Puisque ces apports II ne sont régis par aucune loi, ils sont précisément dans le cas où l'on peut en toute légitimité appliquer la loi des grands nombres[1]. Au bout d'un temps assez long, le rôle de ces apports II qui ne sont régis par aucune loi pourra donc être considéré comme nul, les effets des uns se trouvant fatalement contre-balancés par les effets des autres, et alors, les deux individus A, qui auront traversé cette série quelconque de hasards ne divergeront pas plus qu'ils ne divergeaient au début. Tous ces facteurs successifs II qui n'obéissent à aucune loi représenteront la quantité infinie des petits événements qui, n'ayant pas duré assez longtemps, et ne s'étant pas succédé suivant une loi quelconque, ne laissent aucune trace dans la vie de ceux qui les traversent. C'est ce que nous appelons les hasards insignifiants de la vie; l'effet de chacun d'eux est fatalement annulé

---

1. V. *le Chaos et l'Harmonie universelle.*

par l'effet de l'ensemble des autres. Quand il n'y a, dans la vie d'un individu, que des événements de cet ordre, on dit qu'*il ne lui est rien arrivé*. Et l'on peut énoncer cette règle que deux êtres A, de même espèce, qui se ressemblaient au temps t_1, se ressemblent encore au temps t_n, s'il ne leur est rien arrivé dans l'intervalle, c'est-à-dire, si leur évolution individuelle n'a rencontré que des accidents quelconques n'obéissant à aucune loi. Alors le facteur A pourra être considéré comme ayant entièrement dirigé l'évolution des individus considérés; ils auront eu ce qu'on appelle, en langage familier, *une vie nulle*; on pourrait dire aussi justement une vie normale, une vie moyenne. C'est à cette vie normale ou moyenne des individus auxquels il n'est rien arrivé, que l'on compare, pour évaluer les divergences, l'évolution des individus de même espèce qui ont rencontré, sur leur route, des contingences durables obéissant à des lois.

Supposons donc, maintenant, dans la série des milieux B constituant l'éducation d'un individu A, une série de facteurs définie par une loi. Le langage sera plus simple s'il s'agit d'un facteur nouveau et important qui reste semblable à lui-même pendant un temps assez long; mais on verra bien aisément que, dans certains cas au moins, cas qui nous intéressent plus particulièrement et que nous étudierons plus tard, les raisonnements s'appliqueront de la même manière si ce facteur constant est remplacé par une série obéissant à une loi, un rythme mélodique donné, par exemple, qui se reproduirait semblable à lui-même un grand nombre de fois; il suffirait d'ailleurs de découper les tranches de vie en leur donnant la durée de la mélodie ainsi ressassée, pour que la série des facteurs constituant la mélodie pût être comparée à un facteur unique et constant. Je fais cette remarque pour légitimer l'extension que nous ferons ensuite de la loi d'habitude aux cas où les facteurs auxquels s'habituent les organismes ont une certaine longueur dans le temps au lieu d'avoir une certaine dimension dans l'espace. Les liaisons de l'individu dans le temps étant tout à fait comparable à ses liaisons dans l'espace, son attitude vis-à-vis des facteurs définis dans le temps sera la même que vis-à-vis des facteurs définis dans l'espace. Et comme nous avons été amenés à définir le plus souvent les conquérants d'espace par leur rythme, qui est dans le temps, il n'était pas inutile de nous arrêter à cette observation au moment où nous abordons la question de l'habitude.

Voici donc un facteur du milieu B qui reste en lutte avec A pendant un temps assez long, de t_1 à t_n par exemple. Les autres facteurs du milieu, facteurs quelconques, purement fortuits et n'obéissant à aucune loi, n'auront, à la fin de ce temps, en vertu de la loi des grands nombres, laissé aucune trace dans l'individu A. Au contraire, le facteur constant aura agi de la même manière pendant chacune des tranches successives de vie, de t_1 à t_n. En vertu du théorème II, il aura à chaque instant imprimé sa marque personnelle sur A. Nous savons que cette série d'imitations a un résultat limité (limitation de l'imitation) et que son effet ne peut dépasser dans chaque cas une importance bien déterminée.

A partir du moment où cette importance maximum sera acquise, le facteur étranger, qui aura produit tout son effet, n'interviendra plus dans les destinées de A; il ne luttera plus avec A; il n'exercera plus sur A aucune contrainte. En d'autres termes, en employant le langage personnel qui convient à la narration de l'évolution de A, A ne sera plus gêné par ce facteur étranger, ne subira plus de sa part aucune entrave; A sera habitué, adapté à ce facteur étranger, et (si je puis me permettre, pour préciser ma pensée, un langage subjectif toujours un peu dangereux), A ne remarquera plus[1] la présence dans son ambiance de ce facteur naguère agressif. En résumé, le facteur en question sera désormais, dans l'ambiance de A, comme s'il n'était pas.

On peut donc penser que, A ne remarquant plus

---

1. J'ai entendu employer cette expression par un jardinier qui transplantait un arbuste en emportant, autour de ses racines, une vaste motte de terre : « Il ne saura pas », dit-il.

la présence de ce facteur dans son ambiance, ne remarquera pas davantage sa disparition. Or, si cela est vrai, la variation subie par A, sous l'influence suffisamment prolongée du facteur en question, restera fixée en A, fera partie de la structure de A, même si disparaît de l'ambiance le facteur dont l'antagonisme provisoire a créé cette variation, ce caractère nouveau. A aura donc *acquis*, sous l'influence de son tenace ennemi, un caractère qui persistera après la disparition de cet ennemi. Ce caractère fera partie désormais de la structure de A ; ce sera l'une des particularités par lesquelles, en vertu de son évolution individuelle, l'individu A différera, au temps t_n, de tout individu primitivement semblable à lui, mais auquel il ne sera *rien arrivé* dans l'intervalle de t_1 à t_n.

On s'étonnera peut-être que j'insiste tant sur une chose qui paraît si simple, et que j'exprime sous un si grand nombre de formes imagées, une vérité que l'on jugera peut-être banale. Cette vérité est, sans doute, la plus importante de toute la Biologie ; elle m'a même paru jadis si importante que j'ai songé à en tirer une définition de la vie ; *vivre, c'est s'habituer*. Avant de l'énoncer sous forme de théorème, je veux d'abord montrer, par quelques exemples caractéristiques, la solidité des déductions qui viennent de nous y conduire.

J'ai déjà signalé plus haut l'exemple des chevaux de l'Institut Pasteur qui fournissent le sérum antidiphtérique; ces chevaux, luttant pendant un temps assez long contre la toxine diphtérique, acquièrent la propriété de fabriquer le sérum curatif. Mais, longtemps après qu'a disparu la toxine, longtemps après que la digestion de cette toxine a été parachevée, les chevaux continuent à manifester dans leur sérum la propriété utilisée par le Dr Roux; ils ont acquis ce caractère sous l'influence de la toxine ennemie; ils le conservent après qu'a disparu la cause qui avait produit leur variation.

Autre exemple : une bactéridie charbonneuse atténuée est cultivée dans du bouillon; on lui rend de la virulence en l'inoculant à une souris d'un jour qu'elle tue, puis à une souris adulte, puis à un lapin, puis à un mouton, animaux qu'elle tue successivement. Elle a acquis ainsi une qualité nouvelle, la *virulence*. Qu'on la cultive ensuite dans un bouillon, et ses descendants conserveront, dans le bouillon, la virulence acquise par la lutte contre un ennemi qui n'existe plus dans leur ambiance.

Ces deux exemples appellent, l'un et l'autre, une remarque :

Si on laisse trop longtemps à lui-même le cheval de l'Institut Pasteur, il perd petit à petit la propriété de faire du sérum antidiphtérique.

Si on laisse trop longtemps à elle-même dans le bouillon, la bactéridie virulente, elle peut perdre peu à peu sa virulence pour le mouton.

Il faut recommencer la lutte de temps en temps

pour entretenir, par fonctionnement, le caractère acquis par fonctionnement; il faut injecter de temps en temps un peu de toxine diphtérique au cheval immunisé pour entretenir son immunité; il faut inoculer de temps en temps la bactéridie à un mouton pour entretenir sa virulence. On trouverait des millions d'autres exemples, très familiers, et dans lesquels un caractère, acquis par une habitude prolongée, disparaît par désuétude. Ce phénomène se comprend aisément; si A s'est adapté à un facteur B_1 et a construit l'organe $(A \times B_1)$, il entre en lutte, une fois sorti de l'influence de B_1, avec d'autres facteurs B_2 B_3, etc. qui créent en lui les organes nouveaux définis par les formules symboliques $(A \times B_2)$, $(A \times B_3)$, etc. Ces organes étant différents du premier $(A \times B_1)$, entament plus ou moins, suivant les cas, la construction de ce premier organe, et le détruisent ainsi plus ou moins vite. La destruction par désuétude n'est pas une nécessité, c'est seulement une possibilité. Dans telles conditions, la bactéridie charbonneuse conservera très longtemps sa virulence dans du bouillon; dans d'autres conditions, que Pasteur a déterminées avec soin, elle la perdra au contraire très vite, et deviendra une bactéridie atténuée. Nous pouvons donc énoncer maintenant, sans craindre de nous tromper, les théorèmes auxquels nous ont conduits nos raisonnements et nos observations :

Théorème VIII

Quand une contrainte prolongée est exercée par un facteur B sur un organisme A qui continue de vivre, l'organisme A subit, de ce fait, une variation qui a pour résultat de diminuer la gêne résultant de cette contrainte. Lorsque cette gêne est devenue nulle (si elle peut le devenir), l'organisme A a acquis un caractère nouveau qui persiste dans sa structure, même lorsque le facteur B a disparu de son ambiance.

J'ai jadis exprimé cette loi sous une forme plus abrégée et plus frappante dans sa concision :

La vie a horreur de la contrainte.

Et, en rapprochant cette formule des lois de Lenz et de Le Chatelier qui, dans les phénomènes d'équilibre se passant au dehors des êtres vivants, constatent des faits analogues, j'ai pu dire d'une manière générale :

La nature a horreur de la contrainte.

Cette loi me paraît être la plus générale de la Physico-Chimie.

La formation progressive d'un caractère acquis sous l'influence d'une contrainte prolongée définissant longtemps la même fonction, a été exprimée dans la formule célèbre que j'ai déjà signalée précédemment :

La fonction crée l'organe.

14.

Corollaire du Théorème VIII. — *Le caractère acquis sous l'influence prolongée du facteur B peut se conserver longtemps en l'absence de B, mais peut aussi disparaître plus ou moins vite par désuétude, lorsque le facteur B n'intervient plus.*

Ce corollaire, nous l'avons vu, exprime une possibilité et non une nécessité. En observant son application dans divers cas, on constate sa très grande élasticité. Il y a des caractères acquis très solides, et d'autres qui sont, au contraire, beaucoup plus caducs. De cette variabilité, nous trouvons sans doute une explication partielle dans l'énoncé même du théorème VIII. A mesure, avons-nous dit, que se prolonge la contrainte occasionnée par le facteur B, l'organisme A subit une variation qui diminue progressivement la gêne résultant pour lui de la contrainte. Or, nous n'avons pas de moyen de savoir quand la gêne est devenue nulle, et de distinguer ce cas de ceux où la gêne, quoique diminuée, persiste. Dans le premier cas, il est vraisemblable que le caractère est plus solidement acquis; dans les autres, nous pouvons penser, au contraire, que sa caducité est plus grande, puisqu'il n'existait qu'au prix d'un effort, diminué il est vrai, mais existant néanmoins, contre l'ennemi B. Si nous passons en revue tous les faits connus de la Biologie, nous voyons qu'il y a tous les degrés de longévité pour les caractères acquis, depuis les habitudes provisoires qui disparaissent au bout d'un laps de temps que l'on peut considérer comme très court par rapport à la durée de la vie individuelle, jusqu'aux *organes rudimentaires* qui, acquis, il y a des milliers de générations, par nos ancêtres luttant contre certaines conditions de vie, ont beaucoup de peine à disparaître chez nous, alors que, depuis des siècles, ils sont devenus inutiles; tels sont le plantaire grêle et l'appendice du cæcum, qui ont subi une profonde atrophie par désuétude, mais qui existent encore dans nos organisations et peuvent nous faire courir des dangers sans jamais nous rendre aucun service. Nous comprendrons mieux la nature des différences qui séparent ces divers cas quand nous aurons étudié le retentissement des variations acquises, des caractères acquis, sur le patrimoine individuel des êtres qui les ont acquis.

PATRIMOINE INDIVIDUEL ET CARACTÈRES ACQUIS

Quand il s'agit d'un être qui mérite d'être considéré comme un individu-mécanisme, nous savons que, sauf l'intervention du squelette, facteur inerte et sans cesse présent, la forme actuelle de l'individu peut être considérée comme une construction actuelle des petits ouvriers de l'assimilation. Même lorsque le squelette joue un rôle important dans l'équilibre de l'individu, les petits ouvriers protoplasmiques ont néanmoins pour rôle d'habiller constamment ce squelette de substances vivantes ayant certaines formes et certaines propriétés. En d'autres termes, la forme de l'individu, avec tous ses caractères, est toujours partiellement ou totalement le résultat actuel de l'activité actuelle des petits ouvriers de l'assimilation.

Quand un facteur extérieur B introduit une contrainte dans les conditions de la vie de l'individu A, la forme de A en est modifiée. (Je rappelle que j'entends par forme l'ensemble de tous les caractères de A à toutes les échelles.) La forme nouvelle de A résulte donc d'une lutte entre les petits ouvriers, qui, en l'absence du facteur B, auraient construit *autre chose*, et le facteur B qui les contraint à construire l'édifice nouveau. En vertu du théorème VIII, la vie de A continuant, la gène résultant de la contrainte diminue progressivement; *c'est donc que les petits ouvriers ont subi une transformation.* Supposons maintenant que nous arrivions au cas limite où toute gène a disparu; alors B est comme s'il n'était pas; les petits ouvriers protoplasmiques construisent, *sans l'intervention de B*, la forme nouvelle dont B a rendu l'acquisition nécessaire, et continuent à construire cette forme nouvelle, même si B n'existe plus dans l'ambiance de A. C'est là la définition de ce qu'on appelle vraiment les caractères acquis par l'individu A; ils persistent après qu'a disparu la cause qui leur a donné naissance. Eh bien, dans les cas où le rôle du squelette est négligeable, dans les cas où, comme le Stentor, l'organisme est comparable à une flamme dont la forme est construite à chaque instant par les petits ouvriers de la combustion, puisque la forme construite a changé, les petits ouvriers protoplasmiques qui ont sûrement changé, *n'ont pas changé d'une manière quelconque;* leur modification est telle que leur activité constructrice édifie désormais, en l'absence du facteur B, un organisme identique à celui qui, tout à l'heure, obéissait à la contrainte exercée par le facteur B.

C'est là, nous ne saurions le méconnaître, la démonstration certaine d'une[1] réciproque du théorème morphobiologique. Dans des conditions données, les petits ouvriers protoplasmiques construisent, grâce à leur patrimoine individuel, un individu qui a une forme donnée; réciproquement : si une contrainte extérieure impose assez longtemps une forme à un organisme donné, cette forme imposée devient durable, lorsque la contrainte dont elle résulte a construit, dans les petits ouvriers protoplasmiques, un nouveau patrimoine individuel. La forme à l'échelle protoplasmique construit la forme à l'échelle de l'individu total; réciproquement, la forme de l'individu total peut arriver à construire la forme à l'échelle protoplas-

1. Je dis *une* réciproque et non *la* réciproque, car on peut formuler diverses réciproques du même théorème.

mique. En d'autres termes, les liaisons que reconnaît le théorème V entre l'échelle protoplasmique et l'échelle individuelle peuvent être considérées comme réciproques. Nous devons nous arrêter quelques instants à cette constatation qui, mieux que toute autre, nous renseigne sur l'unité admirable du mécanisme individuel.

Constatons d'abord ceci : cette réciproque remarquable que l'exemple de la flamme nous a permis d'expliquer plus clairement, la flamme ne la présente jamais, et c'est là une nouvelle différence entre la flamme et la vie, qui, à d'autres égards, se ressemblent étrangement. Supposez qu'un bec de gaz brûle devant un courant d'air constant en intensité et en direction ; la flamme du bec de gaz se courbera sous l'influence de ce courant d'air et gardera sa forme courbée tant que le courant d'air durera. Mais dès que le courant d'air cessera, eût-il duré plusieurs années, la flamme se redressera sans conserver aucune trace de son attitude courbée sous l'influence du courant d'air.

Au contraire, voici une barre de plomb qui est droite ; je la courbe en exerçant une pression sur elle ; si peu de temps que dure cette pression, la barre de plomb reste courbée.

Entre la flamme et la barre de plomb, termes extrêmes, nous trouvons une infinité d'intermédiaires en nous adressant à des ressorts d'acier de diverses qualités. Un ressort excellent se comportera à peu près comme la flamme, et reprendra à peu près sa forme primitive, même quand il aura été courbé longtemps; un ressort moins bon restera légèrement courbé; un ressort de très mauvaise qualité imitera plus ou moins la barre de plomb. On exprime ces différences en disant que, dans les corps solides, l'élasticité est variable. Dans l'acier de première qualité, les liaisons entre les diverses particules de l'acier sont extrêmement durables et résistent à une déformation prolongée; ces liaisons sont la cause[1] du mouvement vibratoire du diapason d'acier. Au contraire, dans le plomb, les liaisons particulaires sont très peu résistantes; le morceau de plomb est comparable à une agglomération de grains de sable unis par une substance presque aussi molle que de la confiture. En d'autres termes, l'individualité du morceau d'acier est plus considérable que celle du morceau de plomb. Ni l'acier ni le plomb ne sont comparables à l'être vivant; on peut les découper avec une lime et leur donner extérieurement une forme qui n'a aucun rapport avec leurs liaisons particulaires. Le seul corps solide chez lequel se manifeste une relation de cause à effet entre les liaisons particulaires et la forme d'ensemble est l'individu cristal; encore cette relation n'existe-t-elle qu'au moment même où se forme le cristal, c'est-à-dire

1. V. *le Chaos et l'Harmonie universelle.*

quand il n'est pas encore solide. Je ne signale que
pour mémoire ces remarques que j'ai développées
ailleurs [1].

Il fallait parler de ces corps solides, parce que
leur équivalent se trouve jusqu'à un certain point
dans les substances non vivantes, les substances
inertes qui constituent la charpente, le squelette
de la plupart des êtres vivants. Parmi les éléments
du squelette, quelques-uns sont plus élastiques,
quelques autres le sont moins; une contrainte
extérieure peut donc imprimer au squelette une
trace durable; et surtout, si une contrainte extérieure assez prolongée modifie pendant assez longtemps la forme d'ensemble de l'être vivant, l'activité continuée du protoplasma vivant pourra construire, pendant cette période de contrainte, de
nouveaux éléments de squelette qui, ajoutés aux
anciens, rendront quelquefois durable la forme
nouvelle de la charpente individuelle. Si donc,
après une contrainte prolongée, on constate une
modification durable de l'animal, il faudra prendre
ses précautions avant d'attribuer cette modification
durable à une transformation acquise par les petits
ouvriers protoplasmiques. Cette modification durable pourra n'avoir pas plus d'intérêt que n'en
présente la déformation permanente d'une sphère
grillagée inerte formée de petites lames de plomb.

1. V. *le Chaos et l'Harmonie universelle*.

Il faudra donc distinguer, si j'ose m'exprimer ainsi, les *caractères acquis activement* et les *caractères acquis passivement*. Les premiers seuls devront être portés au compte des petits ouvriers protoplasmiques ; les seconds pourront n'avoir aucun intérêt héréditaire, à moins que le squelette déformé, prolongeant, au delà de son existence extérieure, la contrainte qui a causé sa déformation, ne finisse par influencer secondairement le patrimoine individuel.

Les caractères acquis *activement* paraissent caractéristiques de la vie ; nous n'en trouvons pas d'exemple dans la nature inorganique ; mais nous trouvons cependant, dans le domaine de l'électricité, certains phénomènes, au cours desquels des liens réciproques sont établis entre une échelle inférieure et une échelle supérieure. Cela arrive par exemple dans la machine Gramme et le téléphone. La *réversibilité* ou mieux la *réciprocité* du fonctionnement des dynamos est connue de tous.

Un courant, passant dans le fil, fait tourner l'anneau ; réciproquement, l'anneau, en tournant, engendre un courant dans le fil. Ici, il s'agit de deux mouvements, à deux échelles très différentes, la rotation de l'anneau et le courant électrique ; cet exemple est donc fort intéressant pour nous qui considérons la forme d'ensemble d'un être vivant comme une conquête actuelle, c'est-à-dire comme un mouvement et non comme l'aspect inerte d'une statue dont la forme n'a de raisons que dans le passé, dans les mouvements qui ont réalisé jadis sa construction. Les comparaisons électriques sont d'ailleurs toujours excellentes en Biologie; nous en trouverons de nouvelles dans la sexualité et dans le rapprochement entre les éveils de conscience et les phénomènes d'induction.

A vrai dire, la réciprocité de la machine Gramme est actuelle et extemporanée, tandis que la réciprocité établie entre les activités vitales, l'échelle protoplasmique et l'échelle individuelle a un résultat durable; les petits ouvriers de l'assimilation conservent la modification causée par la contrainte extérieure après qu'a cessé l'action de cette contrainte. Cela tient à ce que l'énergie du phénomène vital a un substratum matériel dont elle est inséparable, tandis que l'énergie électrique n'adhère pas à ses substratums provisoires. Et c'est dans le substratum matériel des petits ouvriers protoplasmiques que peut s'imprimer la variation créée sous l'influence dynamique de la contrainte. C'est parce que la vie réalise le plus admirable enchevêtrement de la matière et de l'énergie, c'est parce que, comme je l'ai dit autrefois[1], la vie est de la *matière-énergie*, que l'on peut comprendre le phénomène admirable de l'hérédité des caractères acquis. Avant d'entrer dans l'étude proprement dite de ce phénomène, nous devons

2. V. *la Stabilité de la Vie.*

faire encore quelques remarques au sujet des conclusions que nous suggère le théorème VIII ou théorème de l'habitude.

N. B. — A partir de cet endroit du livre, nous allons poursuivre deux études divergentes et qui peuvent être entièrement séparées l'une de l'autre, d'une part, celle de l'hérédité des caractères acquis, d'autre part celle des phénomènes individuels d'innervation consciente qui permettent de rapprocher des intoxications cellulaires les plus hautes manifestations de l'activité psychologique (sentiments affectifs, p. 271).

La première question, celle de l'hérédité des caractères acquis, est parfaitement indépendante de la seconde et inutile à sa compréhension. Comme cette question est, de beaucoup, la plus ardue de l'ouvrage, et quoique sa place logique soit ici, j'engage les lecteurs à la réserver pour la fin et à passer d'emblée au chapitre V, p. 219.

LA VITESSE VITALE ET LA TENDANCE VITALE ;
QU'EST-CE QU'UNE CONTRAINTE ?

Étant données la complexité et la multiplicité des facteurs que les hasards du milieu amènent sans cesse dans l'ambiance immédiate de l'être vivant, et qui entrent en lutte avec lui, soit en même temps, soit les uns après les autres, le phénomène vital ne peut manquer d'être lui-même quelque chose d'extrêmement compliqué. Il est donc essentiel d'avoir un langage clair pour raconter ce phénomène; nous avons déjà eu recours, pour sa narration analytique, à des formules symboliques qui nous ont été fort utiles, mais ces formules, dans leur sécheresse mathématique, ne parlent pas assez à notre imagination; il nous faut un langage plus évocateur. Le théorème VIII va nous le fournir.

A force de lutter contre un facteur donné, l'individu vivant s'y accoutume et finit par ne plus remarquer sa présence dans le milieu; si, à partir de ce moment, aucun facteur *nouveau* ne se présentait devant lui, l'animal habitué, adapté à tous les ennemis dont il a triomphé en gardant leur empreinte, continuerait désormais sa vie en suivant uniquement son hérédité, c'est-à-dire qu'à partir de ce moment, le facteur éducation, ensemble de tous les conquérants d'espace qui sont dans le milieu, ne jouerait plus aucun rôle directeur[1] dans l'évolution individuelle. Nous verrons aisément qu'une telle condition, bien difficile à réaliser pour les animaux unicellulaires les plus simples, est impossible à concevoir dès qu'il s'agit d'animaux supérieurs comme l'homme. Essayons néanmoins d'entrer dans cette hypothèse pour raconter l'his-

1. Le milieu asservi à l'être conquérant n'aurait plus d'autre rôle que de lui fournir docilement et passivement la matière et l'énergie dont il a besoin.

toire d'un individu, au moins pendant un temps très court.

Le phénomène vital est, dans son essence, un phénomène de conquête d'espace. On pourrait définir la vie absolue (comme les physiciens ont défini les gaz parfaits qui n'existent pas), par une conquête progressive de l'Univers, conquête sans histoire, sans événements. Une masse donnée de protoplasma vivant grandirait sans cesse en imposant sa structure initiale à une portion croissante du monde. Mais, je l'ai déjà fait remarquer bien souvent, comme on ne peut pas faire quelque chose avec rien, et que le corps protoplasmique est formé de matière, il faut, pour qu'il s'accroisse, qu'il rencontre autour de lui des aliments extérieurs; cette nécessité alimentaire suffit à introduire des contingences dans son histoire. Il faudrait, pour qu'une vie absolue fût possible, qu'elle commençât au centre d'un univers absolument homogène, pourvu précisément des substances alimentaires nécessaires à l'accroissement de l'individu central. Et encore, que deviendraient dans ce cas les substances excrémentitielles? Le cas le plus voisin de ce cas idéal nous est fourni par un microbe vivant dans un milieu auquel il est parfaitement adapté, par exemple, une bactéridie charbonneuse ayant le maximum de virulence pour le mouton, et vivant dans le sang d'un mouton. Je le répète, même dans ce cas idéal, la vie absolue ne sera pas atteinte ; à mesure qu'elles se multiplieront, les bactéridies se gêneront les unes les autres ; de plus, leurs substances excrémentitielles s'accumuleront dans le mouton qui, malgré le fonctionnement de son rein, ne tardera pas à mourir ; et alors, c'en sera fait du milieu favorable aux bactéridies ! Dans un individu bactérien même, les petits ouvriers se gênent les uns les autres, puisqu'ils construisent la forme individuelle. Cette forme, même dans les conditions les plus favorables, change sans cesse, au moins dans ses dimensions, puisqu'il y a accroissement, et, par conséquent, parlant rigoureusement, on ne peut concevoir une vie sans histoire ; il y a fatalement, dans l'histoire des petits ouvriers de l'assimilation, des événements nouveaux qui résultent de l'activité assimilatrice elle-même, et qui représentent des contraintes. Si donc l'on voulait représenter, par une courbe de géométrie analytique, la vie d'un individu vivant dans les conditions les plus favorables, cette courbe ne pourrait jamais se réduire à une ligne droite, emblème des phénomènes qui se poursuivent sans changement.

Évidemment, il y a quelque outrecuidance à vouloir représenter par une courbe l'évolution individuelle d'un être vivant ; chaque point de cette courbe n'a, en effet, que trois coordonnées, et il ne paraît guère possible de ramener à trois nombres l'ensemble des qualités mesurables d'un individu. Cependant, si l'on croit à l'unité de structure individuelle, on peut admettre que la connaissance d'une qualité bien choisie suffit à entraîner la connaissance de toutes les autres; et, puisqu'il ne s'agit que de créer un langage imagé, il n'est pas trop ridicule de s'en tenir à cet à peu près. Nous parlerons donc de la courbe qui représente l'évolution individuelle d'un individu et nous la schématiserons dans la figure 1.

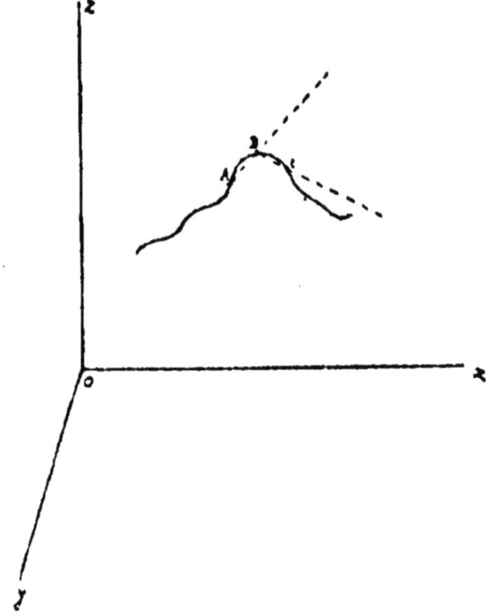

Fig. 1. — Les segments de droite AB et BC se confondraient avec les tangentes des deux points voisins de la courbe si les intervalles considérés étaient très petits.

A un moment donné, et pendant un temps très court à partir de ce moment, aucune condition n'ayant changé dans l'individu et dans le milieu, l'évolution individuelle sera représentée par un segment de droite très petit. Ce segment de droite, prolongé, serait la tangente au point considéré de la courbe qui représente l'histoire de l'évolution individuelle. Et, si, à partir de ce moment, on pouvait considérer l'être étudié comme vivant une vie absolue, sans contrainte d'aucun ordre, la suite de son évolution serait représentée par cette tangente. Dans la réalité, cela ne se passera jamais ainsi, la courbe continuera d'être sinueuse, c'est-à-dire que le segment représentant l'évolution pendant l'instant immédiatement suivant, fera avec la tangente de l'instant précédent un angle qui ne sera jamais nul. Cet angle représentera l'influence des contraintes réalisées pendant le second instant étudié; en d'autres termes, cet angle représentera le rôle actuel des facteurs d'éducation. Cette courbe imaginaire (fig. 1) va nous fournir un langage commode par comparaison avec le mouvement d'un mobile; nous ne savons pas construire effectivement cette courbe, c'est entendu, mais son utilisation pour créer un langage imagé se justifie par le fait que l'évolution individuelle est *univoque*, c'est-à-dire que, malgré la complexité de son mécanisme, l'être vivant a un état bien déterminé *et un seul* à chaque moment de son existence. De même, un point mobile qui décrit un certain chemin dans l'espace a une marche *univoque*, c'est-à-dire que, à un moment donné, il a une position

bien déterminée et une seule. A un moment donné
de son voyage, le point mobile a une vitesse et une
direction. Sa direction est celle de la tangente à la
courbe au point considéré; c'est la direction qu'il
suivrait si, à partir de ce moment, toute contrainte
extérieure cessait d'agir sur lui. Il filerait suivant
la tangente avec la vitesse qu'il possède à ce moment donné. Mais cela n'a pas lieu; un instant
après il décrit, avec une vitesse différente, un
segment de droite qui fait avec le segment précédent un angle différent de zéro. Cette variation en
vitesse et en direction, on l'appelle *l'accélération*
du mouvement étudié au moment considéré. Elle
est le résultat des contraintes extérieures qui agissent sur le mouvement, et chacun sait que cette
accélération sert à définir, en intensité et en direction, une *force*, entité mystérieuse connue par ses
seuls effets [1], et qui aurait précisément pour résultat de modifier, comme il l'est en réalité, le mouvement du mobile à ce point donné de sa course.
Cette force est donc la synthèse de toutes les
contraintes qui *luttent* au moment considéré contre
la *tendance* du mobile à conserver le mouvement
rectiligne et uniforme dont il est *animé*.

Voilà un mot, *animé*, qui prouve que les savants,
en créant la mécanique, ont instinctivement comparé le mobile à un être vivant. Il est donc natu-

----

1. V. *les Lois naturelles, op. cit.*

rel que nous reprenions la même comparaison en sens contraire, et que nous comparions, à notre tour, l'être vivant à un mobile. Nous pourrons donc appeler *vitesse vitale* et *direction vitale*[1] les qualités actuelles du phénomène vie, que l'être vivant conserverait s'il se trouvait, au moment considéré, doué de vie absolue, c'est-à-dire soustrait à l'action de toute contrainte. Ces deux qualités sont comprises dans la définition actuelle du facteur A; le facteur B contient, au contraire, l'ensemble des contraintes extérieures. Cette comparaison a pour résultat de nous faire saisir la signification du mot *contrainte*; pour qu'il y ait contrainte, empêchant une *tendance* de se réaliser, il faut qu'il y ait *tendance*. La tendance vitale se compose de la vitesse vitale et de la direction vitale; la contrainte est ce qui détermine l'accélération vitale ou variation; cette contrainte peut même se mesurer par la variation résultante, comme la force est définie par l'accélération du mouvement qu'elle modifie.

Le langage auquel nous venons d'être conduits a une grande valeur philosophique; il nous permettra, en effet, de ne jamais oublier que la tendance vitale est une tendance conservatrice; l'hérédité

1. J'aurais volontiers dit *élan vital* si cette expression n'avait déjà été employée par M. Bergson pour désigner une propriété mystérieuse et hypothétique, une sorte de tendance à la variation et au progrès qui serait, à mon avis, le contraire de la propriété vitale essentielle d'assimilation ou d'hérédité.

dirige l'évolution de l'être, et les contraintes extérieures font dévier la course individuelle du chemin rectiligne tracé par l'hérédité. Toute variation, toute adaptation a une origine extérieure ; le fait caractéristique de la vie est que l'*hérédité conservatrice* lutte sans relâche contre les causes de trouble provenant de l'ambiance. C'est donc une grande erreur que de croire, avec certains philosophes mystiques, qu'il y a, dans l'être vivant, une tendance au perfectionnement, c'est-à-dire à la variation. *La vie est éminemment conservatrice.*

Nous pouvons nous servir de notre courbe imaginaire pour donner une idée de ce qu'est la vie individuelle d'un être qui n'a pas d'histoire, c'est-à-dire dans l'éducation duquel il ne se présente pas de contrainte obéissant pendant longtemps à une même loi (voyez plus haut, p. 155). Prenons, pour origine de la vie, le point O qui est l'origine de notre système de coordonnées. L'hérédité de l'œuf imprime au mouvement vital une direction qui est représentée par la droite O T ; mais, comme il y a fatalement des contraintes extérieures, la courbe vitale diffère de cette droite OT et prend l'aspect sinueux représenté par la figure 2. Les sinuosités de cette courbe ne peuvent s'écarter trop de l'axe O T ; sans quoi l'individu mourrait, nous l'avons vu. La courbe est donc comprise dans un cylindre dont les génératrices sont parallèles à OT ; elle ne peut en sortir sous peine de mort, à cause des exigences de l'hérédité. Elle en sort effectivement en un point M qui représente le moment de la mort individuelle. Mais pendant toute la durée de la vie, puisque nous avons supposé que nous sommes dans le cas d'une vie où il ne s'est rien passé, les contraintes successives s'étant présentées dans un ordre quelconque ont eu des effets qui se sont mutuellement détruits en vertu de la loi des grands nombres; et, par conséquent, la tangente de la courbe a toujours eu une tendance à redevenir parallèle à OT; la courbe n'est pas sortie du cylindre tracé par l'hérédité initiale, malgré les petites divergences momentanées, dues aux petits accidents d'une éducation quelconque.

Il n'en sera plus de même quand l'être vivant, doué d'une certaine hérédité, rencontrera, au lieu des hasards d'une éducation quelconque, les règles d'une éducation *dirigée*, c'est-à-dire quand son milieu lui fournira, non plus une série de contraintes fortuites dont les effets s'annuleront mutuellement, mais bien une contrainte prolongée dont le sens est régi par une loi. Alors, si l'animal ne meurt pas de la contrainte, il en éprouvera une modification durable, ce que nous avons appelé un caractère acquis.

Ces caractères acquis, nous l'avons dit précédemment, sont plus ou moins solidement acquis et résistent plus ou moins longtemps après qu'a disparu la cause qui les a fait naître. Ainsi, même dans le cas de l'individu dont l'histoire est représentée par la figure 2, et dont je reproduis la

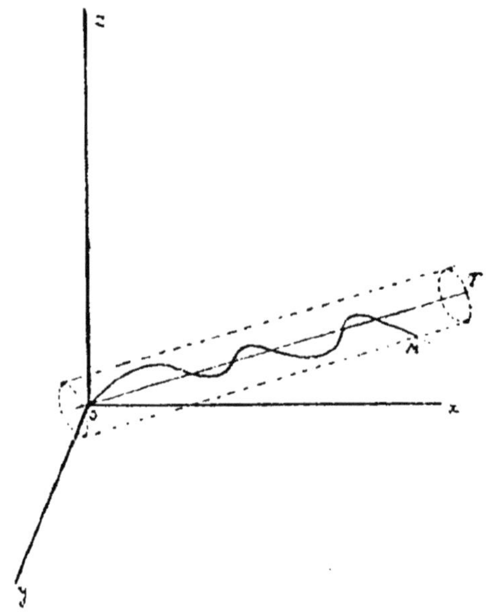

Fig. 2. — Courbe de la vie individuelle, limitée par le cylindre directeur d'axe OT, depuis la naissance O, jusqu'à la mort M.

courbe personnelle dans la figure 3, pendant la course vitale qui va du point m au point n, on pourrait croire que la tendance héréditaire a changé et que le cylindre directeur est devenu le cylindre d'axe R S. La suite prouve qu'il n'en est rien; la modification passagère n'a pas été assez profonde pour résister aux contraintes différentes que présente la suite de l'éducation, et l'on constate finalement que, jusqu'à sa mort, l'individu ne

sort pas du cylindre d'axe O T. Mais on ne le constate qu'après coup; l'observateur ne sait jamais
d'avance si un caractère acquis sera durable ou
passager.

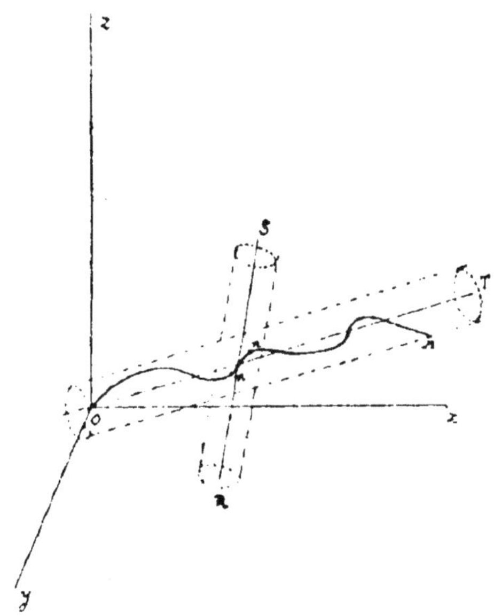

Fig. 3. — Vie d'un individu *qui n'a pas d'histoire.*

Je représente, figure 4, le cas d'un individu qui,
ayant rencontré au cours de sa vie une contrainte
assez prolongée, a suivi, jusqu'à sa mort M, un nouveau cylindre d'axe P Q. L'angle σ que fait l'axe P Q
avec l'axe O T représente l'importance du caractère
acquis, la divergence entre la tendance initiale et
la tendance finale de l'être. Dans le cas représenté
par la figure 4, l'être meurt avec une tendance
vitale nettement différente de la tendance avec
laquelle il avait commencé sa carrière, mais rien

n'empêche de croire que, s'il avait vécu plus longtemps, de nouveaux hasards d'éducation n'auraient pas fait disparaître la variation acquise. Je

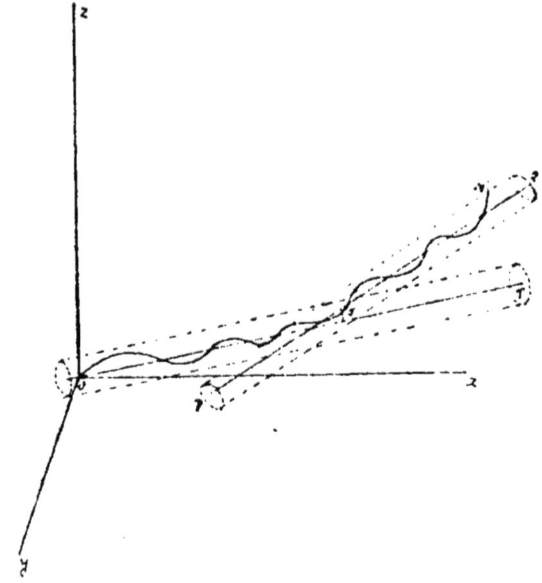

Fig. 4. — Vie d'un individu qui a acquis un caractère nouveau au milieu
de son existence.

le répète, ce n'est qu'après coup qu'un observateur
a le droit de qualifier une variation de durable ;
quand la tendance héréditaire a été partiellement
vaincue par des contraintes prolongées, c'est seulement la suite de l'histoire individuelle qui permet de savoir si cette défaite est provisoire ou
définitive ; et, quand l'individu meurt, cette question n'aurait même plus de sens, si cet individu ne
se continuait dans sa lignée. Mais quand il se

reproduit, et quand ses enfants se reproduisent à leur tour, le champ d'observation s'étendant sur un laps de temps de plus en plus considérable, il y a grand intérêt, au contraire, à voir ce que deviennent, dans les lignées prolongées, les caractères acquis par les ancêtres.

REPRODUCTION ET PATRIMOINE INDIVIDUEL

La vie individuelle est toujours limitée dans le temps ; si l'être est unicellulaire, il se divise et est remplacé par deux ou plusieurs individus nouveaux ; si l'être est pluricellulaire, comme l'homme, il meurt, et cesse d'intéresser le biologiste. Mais quelquefois, avant de mourir, il a abandonné à l'extérieur des morceaux de sa substance vivante qui se sont trouvés capables de continuer à vivre pour leur compte ; à ce moment, il y a donc eu, dans l'individu supérieur, une scission de substance analogue à celle de l'individu cellulaire, mais, comme la partie abandonnée est très faible par rapport à la masse du corps qui reste, on continue à parler de la vie individuelle du plus gros des deux morceaux de substance vivante. Ce plus gros morceau est condamné à la mort fatale ; nous en étudierons ultérieurement les raisons ; le morceau détaché va nous intéresser désormais ; il est comparable de tout point à la bactérie qui vient de se séparer par scission de sa congénère. Voyons ce qu'il va devenir.

Je supposerai, dans la suite, que nous avons affaire à une espèce supérieure se reproduisant par spores ou par parthénogénèse. Chez les mammifères et chez l'homme, le phénomène de la maturité sexuelle, qui atteint précisément les éléments reproducteurs, introduit une complication qu'il faut éliminer de la question de la reproduction, pour l'étudier ensuite à part. J'ai maintes fois insisté sur cette nécessité de séparer la question sexuelle de la question héréditaire; c'est là une règle de méthode dont l'inobservation a conduit aux pires erreurs. Nous supposons donc que nous avons affaire à une espèce parthénogénétique, dans laquelle la cellule reproductrice se détache vivante du corps maternel, absolument comme se détache du corps cellulaire antérieur la bactérie scissipare ou le bourgeon qui a germé sur un élément de levure de bière. J'appellerai S ou *soma* (du mot grec qui veut dire corps) le plus gros des deux morceaux de la division, le corps maternel dans le cas d'un être supérieur et O ou *œuf* le plus petit de ces deux morceaux, celui qui va être le point de départ d'une nouvelle vie individuelle à travers les contingences d'une éducation nouvelle.

Qu'y a-t-il de commun entre O et S? A cette question, nous ne sommes pas embarrassés pour répondre à cause des déductions qui nous ont conduits précédemment à la notion de l'unité de l'individu. Une fois que nous avons défini le corps qui mérite le nom d'individu dans la masse cellulaire dont se détache l'élément reproducteur, nous savons que toutes les parties de ce corps, malgré l'hétérogénéité apparente de sa constitution, sont formées de petits ouvriers protoplasmiques ayant en commun le *patrimoine individuel* qui se manifeste précisément par le fait que l'activité d'ensemble de ces petits ouvriers construit le corps de l'individu et le reconstruit au besoin après troncature en vertu du théorème morphobiologique. Ce patrimoine individuel, commun à toutes les parties de l'individu, se retrouve naturellement aussi dans le protoplasma de l'élément reproducteur, c'est-à-dire du morceau d'individu qui, séparé du Soma, est capable de vivre par lui-même dans le milieu extérieur. Je rappelle en passant, ce que j'ai déjà fait remarquer bien souvent, que les éléments reproducteurs ne diffèrent essentiellement des autres éléments du Soma que par leur propriété de ne pas mourir quand ils sont séparés de l'agglomération. Le fait de la reproduction ayant paru extraordinaire à beaucoup, le mysticisme des anciens biologistes a conduit à attribuer aux éléments reproducteurs des qualités exceptionnelles, une *noblesse* particulière, etc. Les éléments reproducteurs sont tout simplement des éléments qui, détachés du corps, sont capables de ne pas mourir dans le milieu où vivait le corps lui-même; voilà tout.

Supposons maintenant que nous ayons affaire à un animal dont la vie n'a pas eu d'histoire, dans la vie duquel il ne s'est rien passé, c'est-à-dire dans l'éducation duquel il ne s'est pas rencontré de contrainte assez prolongée pour qu'il en soit résulté l'acquisition d'un caractère nouveau modifiant le patrimoine individuel. Alors, le patrimoine individuel de l'œuf d'où est sorti l'animal se retrouve intégralement dans l'ensemble de l'animal au moment de sa reproduction et, en particulier, dans l'élément reproducteur qui en sort en ce moment. Alors, la vie individuelle n'a pas laissé de trace dans le patrimoine de ses ouvriers proto-plasmiques; ce patrimoine individuel se transmet intégralement de l'œuf initial à l'œuf qui est le point de départ de la seconde génération. Ce *patrimoine individuel*, héritage qui se transmet ainsi de génération en génération, mérite donc le nom de *patrimoine héréditaire*.

Si nous nous reportons maintenant à notre figure symbolique 2, nous comprendrons que, en vertu du théorème morphobiologique, le patri-moine héréditaire de l'enfant, se trouvant iden-tique à celui du parent, tracera à l'évolution du fils un cylindre directeur identique à celui du père. Toujours dans le cas où le milieu ne présentera pas de contrainte durable, l'évolution individuelle du fils sera donc représentée par une courbe comprise dans le même cylindre que la courbe du père. Ces deux courbes seront sans doute différentes à cause de la différence des événements successifs qui déterminent les fonctionnements successifs, mais elles ne s'écarteront jamais beaucoup, étant toujours, jusqu'à la mort, comprises dans le même cylindre directeur. Nous avons une idée du degré de ressemblance des deux évolutions individuelles successives en comparant deux jumeaux vrais qui, issus des deux moitiés d'un même œuf, ont même patrimoine individuel. **Dans la reproduction parthénogénétique, le fils d'un père qui n'a pas eu d'histoire ressemble à son père comme deux jumeaux vrais se ressemblent entre eux.** Il est inutile de faire de cette vérité un théorème nouveau; ce n'est qu'une autre forme du théorème morphobiologique. Une complication, très répandue dans le domaine de la vie, a pu faire méconnaitre quelquefois la vérité de ce théorème élémentaire; cette complication, c'est le polymorphisme; nous devons nous y arrêter quelque temps avant d'aborder la question de la reproduction dans le cas où le parent a eu une histoire, c'est-à-dire où le patrimoine individuel a acquis des caractères nouveaux.

LE POLYMORPHISME

Le polymorphisme est évident pour l'observateur qui étudie les cellules constituant un animal supé-

rieur. Si cet animal supérieur est un individu-
mécanisme, nous savons que tous ses petits
ouvriers protoplasmiques ont en commun le même
patrimoine individuel, et cependant, aux divers
points de l'agglomération, *et toujours aux mêmes
points chez des animaux de même espèce*, ces petits
ouvriers construisent fatalement, ici un muscle,
là un élément hépatique, là un élément épithé-
lial. Tous ces éléments différents ont même
patrimoine individuel et, cependant, ils sont remarquablement différents. C'est donc que la forme possible pour une cellule ayant un patrimoine individuel donné n'est pas unique; il y a, dans chaque
espèce, un certain nombre de types cellulaires
également possibles. Ces divers types cellulaires,
se manifestant toujours aux mêmes points d'un
organisme qui est un mécanisme, et s'y maintenant
indéfiniment tant que l'organisme est sain, sont
donc *adaptés* à la vie dans les conditions topographiques réalisées pour chacun d'eux. Du moment
qu'il y a adaptation, nous comprenons l'origine du
phénomène; il est dû à une contrainte. Et, en effet,
il est bien évident que, *indépendamment de toute
variation dans les conditions extérieures à l'individu
total,* par le fait même que cet individu total a
une vie individuelle de mécanisme, les diverses
cellules de l'agglomération se gênent les uns les
autres, exercent les uns sur les autres des contraintes qui, pour des individus identiques, sont

toujours les mêmes en des points identiques de l'agglomération, et font naître, en ces points identiques, des caractères acquis identiques. Quand nous aurons étudié l'hérédité des caractères acquis, nous comprendrons comment ces caractères topographiques, acquis jadis par contrainte, peuvent se reproduire aujourd'hui sans gêne et naturellement au cours de l'évolution individuelle. Contentons-nous, pour le moment, de constater l'existence de ce polymorphisme cellulaire en rapport avec la topographie individuelle. Le rapport du polymorphisme avec la topographie est si étroit que si l'on déplace un tissu dans l'organisme, ce tissu est souvent détruit et digéré comme un corps étranger; nous reviendrons sur cette question un peu plus tard; elle présente un grand intérêt au point de vue de la solidité, de la non-réversibilité des polymorphismes topographiques.

De même que nous constatons un polymorphisme cellulaire dans un individu-mécanisme, de même et pour les mêmes raisons, nous constatons quelquefois un polymorphisme individuel lorsque des individus-mécanismes sont agglomérés en une association ayant un fonctionnement d'ensemble, comme cela a lieu chez certaines colonies d'hydraires; mais, dans ce cas, l'association d'ensemble est plus qu'une colonie et commence déjà à devenir un individu. J'ai étudié ailleurs[1] les formations pro-

1. *L'unité dans l'Être vivant, op. cit.*

gressives des individualités de divers ordres; je ne les signale ici que parce qu'elles sont en rapport étroit avec la question de l'hérédité des caractères acquis.

Un autre polymorphisme cellulaire très remarquable semble, au premier abord, donner un accroc au théorème morphobiologique; c'est le dimorphisme évolutif des fougères, que j'ai longuement étudié, précisément à cause de cet accroc apparent, dans le premier chapitre consacré, dans cet ouvrage, à la méthode en Biologie. Ce dimorphisme est très particulier en ce sens que les cellules mères des spores, qui ont acquis leur état protoplasmique particulier comme conséquence[1] de leur situation topographique dans la fougère feuillée, *conservent* cet état protoplasmique après avoir quitté l'individu mère, de telle façon que cet état protoplasmique nouveau dirige la construction d'un prothalle, dans un milieu où une autre *bouture* de fougère aurait construit une fougère feuillée.

Ce cas est fort intéressant au point de vue de la question que je signalais tout à l'heure, de la *solidité* des caractères topographiques acquis. Il l'est aussi à cause de la démonstration, donnée par le prothalle quand il reproduit une fougère feuillée semblable à sa mère, de ce fait très important que, sous le

1. Ceci est certain, puisque ces cellules se produisent toujours à la même place dans chaque espèce de fougère.

polymorphisme cellulaire, le patrimoine individuel est, malgré les apparences, intégralement conservé. Nous aurons à tirer parti bientôt de cette conservation du patrimoine héréditaire dans les éléments histologiques polymorphes; il n'est pas plus extraordinaire que la conservation de la constitution chimique *soufre* dans les cristaux prismatiques ou octaédriques de ce métalloïde dimorphe.

TRANSMISSION HÉRÉDITAIRE DES CARACTÈRES ACQUIS

Nous avons supposé tout à l'heure que l'individu qui fournissait des éléments reproducteurs n'avait pas eu d'histoire, c'est-à-dire, comme nous l'avons expliqué précédemment, avait conservé intact à travers les vicissitudes d'une éducation non dirigée, son patrimoine héréditaire initial. Alors, le problème de la reproduction était tout simple; en vertu du théorème morphobiologique (et en l'absence, bien entendu, d'un dimorphisme évolutif comme celui de la fougère), le fils commençait son évolution dans les mêmes conditions que son père, et, en l'absence d'événements extérieurs marquants, suivait une route très analogue à celle de la génération précédente, dans le même cylindre directeur.

Supposons, au contraire, maintenant, que le père ait subi, avant de se reproduire, une contrainte suf-

fisamment prolongée, et ait acquis, sous l'influence
de cette contrainte à laquelle il a fini par s'adapter,
des caractères nouveaux. Alors, son patrimoine
héréditaire a changé, et a changé dans tout son
individu, c'est-à-dire que les petits ouvriers protoplasmiques, qui jadis construisaient un individu
identique à son parent parthénogénétique, construisent désormais un individu qui diffère du précédent par un caractère acquis. Le patrimoine
héréditaire ainsi modifié se trouve dans les éléments reproducteurs comme dans les autres éléments somatiques. Que va-t-il donc arriver quand
ces éléments reproducteurs, détachés du soma
paternel, commenceront, pour leur propre compte,
une évolution individuelle?

Plusieurs questions se posent à ce sujet.

D'abord, est-il possible que la variation en question soit assez solidement acquise pour résister à la
séparation de l'élément reproducteur? Cette variation n'était-elle pas maintenue dans le patrimoine
individuel par une contrainte encore effective de la
forme d'ensemble du soma? Ce cas peut se produire et se produit sans doute fort souvent; la
variation individuelle n'était pas encore suffisamment fixée pour résister au fait que l'élément reproducteur est *mis en liberté*; alors, le caractère acquis
était simplement individuel; l'élément reproducteur, sorti du soma et débarrassé de la contrainte
à laquelle il devait sa variation momentanée,

reprend le patrimoine initial du parent, patrimoine antérieur à la variation. Dans ces conditions, le caractère acquis n'est pas transmissible.

Y a-t-il des cas où la variation acquise résiste à la séparation de l'élément reproducteur? Nous en trouvons immédiatement, et de très caractéristiques dans les types d'individus les plus simples, les individus unicellulaires, les microbes. Une bactéridie charbonneuse qui a acquis le caractère d'être virulente pour le mouton, transmet ce caractère à des milliers de bactéridies charbonneuses issues d'elle par division; et cela peut durer fort longtemps dans des conditions convenables. Une bactéridie charbonneuse, qui a acquis le caractère asporogène[1], transmet ce caractère à ses descendants, et cela dure indéfiniment; du moins n'a-t-on jamais réussi, depuis plus de trente ans, à faire perdre ce caractère asporogène aux descendants des bactéridies ancestrales qui l'ont acquis. Ces deux exemples suffisent, en vertu de la règle de méthode que nous avons établie au premier chapitre de ce livre, pour nous démontrer la possibilité de la transmission, aux éléments reproducteurs, d'un patrimoine héréditaire ayant subi une variation durable, et même quelquefois une variation défi-nitive. Nous discuterons un peu plus tard la ques-

1. J'ai consacré tout un petit volume à l'étude de cette question. (V. *la Bactéridie charbonneuse, Encyclopédie Léauté.*)

tion importante de la différence qui sépare les variations plus ou moins durables des variations vraiment définitives. Supposons pour le moment que le patrimoine individuel ait subi une variation capable de durer pendant au moins une génération, et voyons ce qui va en résulter pour l'évolution individuelle de l'individu qui en sortira, dans le cas où cet individu n'est plus un être unicellulaire scissipare, mais une agglomération complexe de milliards de cellules, comme celles qui constituent les animaux supérieurs.

Comparons l'évolution individuelle du fils, qui a un patrimoine a_1, à celle du grand-père qui avait un patrimoine a. Le père, génération intermédiaire, a commencé sa vie avec le patrimoine a et l'a finie avec le patrimoine a_1, suivant la courbe symbolique de la figure 4. Le grand-père qui, par hypothèse, avait eu une vie sans histoire, avait pu voir représenter son évolution individuelle par une courbe sinueuse comprise en entier dans le cylindre d'axe OT. Le père avait commencé sa vie dans un cylindre d'axe OT et l'avait continuée dans un cylindre d'axe PQ (fig. 4). Le fils va commencer sa vie avec un patrimoine héréditaire qui définit un cylindre d'axe OQ (fig. 5). Le patrimoine héréditaire du fils étant différent, au début, de celui du père, *nous ne savons pas*, par comparaison avec le père, ce qui va se passer. C'est là une des nécessités de la Biologie : nous pouvons raisonner sur des identités; du moment qu'il y a des différences, nous ne pouvons plus rien prévoir. Nous ne savons même pas si l'élément reproducteur muni du nouveau patrimoine héréditaire *sera viable*, car il n'y a encore jamais eu dans le monde un individu *commençant* sa vie avec ce patrimoine nouveau. S'il

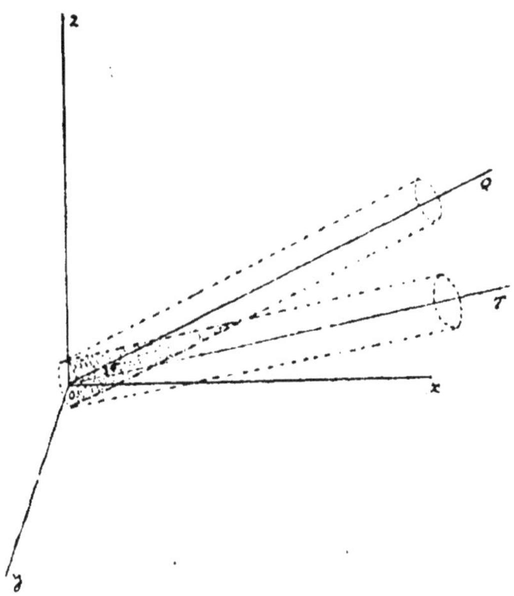

Fig. 5. — Évolution du grand-père suivant OT et du petit-fils suivant OQ. La partie pointillée indique les régions communes des deux cylindres limitants.

n'est pas viable, le cas ne nous intéresse pas; il sort de la biologie. S'il est viable, il dirigera un individu dont la courbe symbolique sera comprise dans un cylindre d'axe OQ *différent* du cylindre d'axe OT (fig. 5).

Il ne faut pas nous laisser égarer par les figures

symboliques. Nous voyons bien, dans la figure 5, que les deux cylindres OT et OQ auront en commun toute une partie, ombrée dans la figure 5, et cela nous suggère l'idée que, pendant les premiers temps du développement, la courbe du grand-père et la courbe du petit-fils pourront être attribuées au même type moyen, puisqu'on pourra les considérer à volonté comme limitées par le cylindre OT ou par le cylindre OQ. Autrement dit, les premiers stades de l'évolution individuelle du petit-fils ressembleront aux premiers stades de l'évolution du grand-père. Voilà ce que nous suggère l'observation de nos figures symboliques. En réalité, cette ressemblance est vraisemblable, même pour celui qui n'accorde pas crédit aux cylindres directeurs. Le caractère acquis par le père au milieu de son existence, a été, si j'ose dire, surajouté à un édifice existant déjà, et n'a pas détruit cet édifice; il n'est donc pas invraisemblable que, pendant les premières périodes de l'existence du fils, le patrimoine héréditaire modifié construise un édifice analogue à celui sur lequel s'était greffée la variation acquise surajoutée. On conçoit ainsi comme possible une ressemblance entre les premiers stades du fils et les premiers stades du grand-père qui se sont reproduits chez le père. Mais, je le répète, notre raisonnement n'est pas suffisant pour établir la *nécessité* de cette vraisemblance. Il faudra, dans chaque cas, vérifier un parallélisme qui est

17.

l'embryon du célèbre principe de Fritz Müller.

Au contraire, la seconde partie de la vie du fils donnera un résultat certain pour qui croit au théorème morphobiologique et à sa réciproque. A partir d'un certain âge, le fils ressemblera au père muni de son caractère nouveau. En d'autres termes, puisque les questions de direction des axes des cylindres ont seules de l'importance, le cylindre OQ (fig. 5) sera *parallèle* au cylindre PQ de la figure 4. C'est là précisément le fait si admirable qui a paru trop merveilleux à certains naturalistes, et les a amenés à nier la transmission héréditaire des caractères acquis :

Quand un caractère nouveau a été vraiment acquis par un individu, il en résulte, dans toutes les cellules de cet individu, une modification du patrimoine individuel. Cette modification atteint les éléments reproducteurs comme les autres. L'un de ces éléments reproducteurs, en se développant, même dans des circonstances différentes de celles qui avaient fait naître, par contrainte, le caractère nouveau du parent, donnera naissance à un fils chez lequel se manifestera ce caractère nouveau.

Cette vérité, que tant de gens ont niée parce qu'ils n'ont pu en comprendre le mécanisme, nous apparaît au contraire comme évidente parce que nos raisonnements nous ont conduits précédemment à la notion de l'unité du patrimoine individuel, et à la réciproque du théorème morphobiologique. Ce n'est pas seulement parce que le mécanisme leur en paraît inconcevable que les néo-darwiniens nient la possibilité d'une transmission héréditaire des caractères acquis; c'est aussi et surtout parce qu'ils ont reçu de Darwin et de son élève Weismann une théorie antiscientifique des phénomènes d'hérédité. Pour nous qui, sans aucune idée préconçue, nous sommes efforcés de tirer de l'ensemble des faits biologiques connus une série de théorèmes comprenant l'ensemble de ces faits et ne comprenant que cela, la transmission héréditaire des caractères acquis nous semble un phénomène inséparable de l'acquisition même d'un caractère par un individu qui est soumis à une contrainte prolongée. Ce phénomène individuel, personne ne songe à le nier; il est exprimé dans la loi d'habitude qui est évidente pour toute personne ayant observé des êtres vivants. Et du moment que l'on a renoncé à la vieille erreur qui consistait à parler de l'individu vivant comme d'une statue inerte, du moment que l'on a compris que, sauf l'influence du squelette acquis une fois pour toutes, la forme de l'être vivant est, à chaque instant, une construction *actuelle* des petits ouvriers protoplasmiques, on ne peut nier que les petits ouvriers aient changé quand le résultat de leur activité personnelle, la forme d'ensemble, a changé. Il est donc bien certain que tout caractère acquis en dehors du squelette se traduit par une modification corrélative du patrimoine individuel. Nous devons maintenant nous arrêter à l'étude de la solidité de cette modification du patrimoine héréditaire; elle dépendra, naturellement, de la *profondeur* du retentissement de la modification d'ensemble sur la structure intime de l'individu.

Entre la forme à l'échelle individuelle, forme mécanique ou forme d'ensemble de l'animal, d'une part, et la constitution chimique ou forme atomique de sa substance constitutive d'autre part, il y a une distance prodigieuse; la forme chimique et la forme mécanique sont aux deux extrémités opposées dans l'échelle des grandeurs. Évidemment, entre ces deux formes extrêmes, nous pouvons considérer, à des échelles intermédiaires, autant de formes intermédiaires, autant de formes particulaires que nous voudrons. La nature spéciale des phénomènes vitaux nous a conduits à étudier avec plus d'intérêt la forme intermédiaire qui se manifeste à l'échelle protoplasmique ou colloïde; c'est de cette échelle que nous ont paru être les petits ouvriers de l'assimilation.

Or, entre le fonctionnement à l'échelle mécanique et le fonctionnement des petits ouvriers protoplasmiques, nous avons reconnu l'existence de relations de cause à effet qui sont exprimées dans le théorème morphobiologique et dans sa réciproque. Ces relations remarquables sont évidemment des

relations d'*ordre physique*; c'est pour cela qu'elles
se manifestent avec réciprocité; s'il n'y avait que
les phénomènes de ces deux échelles, on ne concevrait pas que le caractère protoplasmique acquis
par les petits ouvriers pût se maintenir en dehors
de la contrainte résultant pour eux du fait qu'ils
font partie de l'ensemble de l'animal modifié lui-même par contrainte extérieure. En d'autres termes,
l'état protoplasmique étant *en équilibre* avec l'état
mécanique, l'un de ces deux états ne peut se modifier sans que l'autre, qui en est une conséquence
se détruise également. Mais, si l'état protoplasmique est lié, d'une part, à la forme d'ensemble réalisée à l'échelle supérieure ou mécanique, il est lié
aussi, d'autre part, à la forme atomique réalisée à
l'échelle inférieure ou chimique; et une contrainte
qui modifie l'état protoplasmique se traduit par une
contrainte à l'échelle chimique. C'est ici qu'intervient maintenant la particularité qui sépare les
choses chimiques des choses physiques. Les variations chimiques ne sont pas continues comme les
variations physiques; une contrainte réalisée sur
une molécule ne transforme pas fatalement cette
molécule en une autre molécule ayant avec la première des différences finies. Les actions physiques
n'ont pas toujours de résultat chimique; dans la
chimie minérale, nous ne connaissons même de tels
résultats chimiques déterminés rigoureusement par
des contraintes physiques, que dans les cas de

dissociation. Mais dans la chimie des substances vivantes, il n'en est pas de même : Si une contrainte déterminée agit longtemps sur des molécules chimiques, et *si une transformation moléculaire est possible*, qui atténue ou annule la gêne résultant de cette contrainte, *cette transformation moléculaire finit par se produire à la longue.*

Voici donc ce qui se passe lorsqu'une espèce vivante est longtemps soumise à la même contrainte :

La déformation d'ensemble retentit sur l'état protoplasmique et lui impose une variation. Mais, d'autre part, l'état protoplasmique résulte de la structure moléculaire à l'échelle chimique; la déformation d'ensemble se traduit donc par une gêne à l'échelle chimique.

Alors, de deux choses l'une :

Ou bien il n'existe pas de forme moléculaire capable de réaliser l'état colloïde nouveau avec une gêne diminuée ou annulée; alors, le retentissement de la contrainte a beau se prolonger, aucune transformation moléculaire n'a lieu. Le caractère acquis reste un caractère provisoirement acquis, et disparaîtra quand cessera la contrainte.

Ou bien il existe une forme moléculaire correspondant à une diminution ou à une annulation de la gêne causée par la contrainte. Alors, *à la longue*, à la suite de bien des phénomènes qui semblent n'avoir pour règle que le hasard, *cette forme molé-*

culaire finira par être adoptée, et, dès lors, le caractère sera fixé pour toujours. A partir de ce moment, en effet, l'état protoplasmique qui construit la forme d'ensemble modifiée est lui-même construit naturellement *et sans intervention extérieure*, par le nouvel état moléculaire constituant le *nouveau patrimoine chimique* de l'individu. Alors, le caractère nouveau est acquis *pour toujours* et se conservera même quand disparaîtra la contrainte extérieure qui, à la longue, l'a fait naître. Les caractères acquis dans le patrimoine chimique sont indestructibles; ils diffèrent en cela de ceux qui sont seulement acquis dans le patrimoine colloïde et qui disparaissent plus ou moins vite par désuétude, comme la virulence des bactéries, ou la capacité antidiphtérique des chevaux de l'Institut Pasteur.

Quand il y a eu variation du patrimoine chimique, il y a eu changement d'*espèce*. J'ai montré ailleurs que l'espèce ne peut se définir que par la nature *qualitative* du patrimoine chimique[1]. Cette variation du patrimoine chimique ne se réalise ordinairement que lorsque a été prolongée longtemps, pendant plusieurs générations individuelles, la contrainte extérieure qui réalisait la déformation colloïde dont elle est issue; j'ai expliqué ce fait par des exemples très caractéristiques[2].

1. V. *l'Unité dans l'être vivant* et *Traité de Biologie.*
2. V. *la Crise du Transformisme*, 2ᵉ leçon.

Une conséquence de ces constatations est que la variation spécifique ne sera pas morphologiquement appréciable, car l'observateur, qui voit depuis longtemps la forme nouvelle acquise par contrainte, ne connaît pas l'état de gêne moléculaire correspondant à cette contrainte, et ne s'aperçoit pas du moment où la gêne diminue ou cesse. Il passe de l'observation d'une forme réalisée avec gêne moléculaire à l'observation de *la même forme* réalisée sans gêne moléculaire ; et, par conséquent, pour lui observateur, le moment de la transformation spécifique passe inaperçu [1].

La variation chimique, une fois réalisée, ne se détruit plus comme se détruit le résultat provisoire d'un équilibre provisoire ; c'est pour cela que l'évolution spécifique n'est jamais rétrograde [2]. Je passe rapidement sur tous ces faits importants que j'ai longuement étudiés dans d'autres ouvrages. L'ensemble de toutes ces constatations suffira sans doute pour démontrer à ceux qui n'ont pas d'idées préconçues, la légitimité de la théorie lamarckienne de la formation des espèces par transmission héréditaire des caractères acquis. Néanmoins, comme tous les néo-darwiniens nient la possibilité de cette transmission héréditaire, j'en cite quelques cas dans l'appendice de ce livre, en les empruntant à un auteur qui n'a aucune sym-

1. V. *la Stabilité de la Vie.*
2. *Ibid., ibid.*

pathie intellectuelle pour le transformisme, ce qui l'empêche d'être suspect. Un seul cas bien observé suffirait, en vertu de la méthode exposée au chapitre I. On en trouvera plusieurs dans l'appendice, et fort caractéristiques, personne ne peut le nier.

ÉVOLUTION SPÉCIFIQUE ET CLASSIFICATION

Nous avons comparé, dans la figure 5, l'évolution du descendant qui a acquis un caractère nouveau, et celle de l'aïeul antérieur à l'acquisition de ce caractère. Ces deux évolutions étaient représentées par des courbes comprises dans deux cylindres dont les axes O T et O Q divergeaient quelque peu. C'est la direction de l'axe du cylindre, et non sa position absolue dans l'espace, qui représente la *tendance vitale* individuelle, c'est-à-dire la direction imprimée aux phénomènes d'ensemble de la vie par le patrimoine héréditaire. Nous pouvons donc représenter maintenant, non plus la vie individuelle, mais la vie d'une lignée, l'évolution spécifique, par une courbe dont les tangentes successives seraient parallèles dans l'espace aux génératrices des cylindres individuels successifs. Une partie de la vie de la lignée pendant laquelle il n'y a eu aucun caractère acquis définitivement sera donc représentée par une ligne droite, jusqu'au moment où, des variations spécifiques se

18

produisant, la courbe deviendra sinueuse. Dans la figure 6, par exemple, $\alpha\beta$ représente une période de l'évolution d'une lignée, pendant laquelle il n'y a eu aucune variation spécifique. Une bifurcation au point S indique l'endroit où deux lignées distinctes se sont séparées de la souche ancestrale. On voit

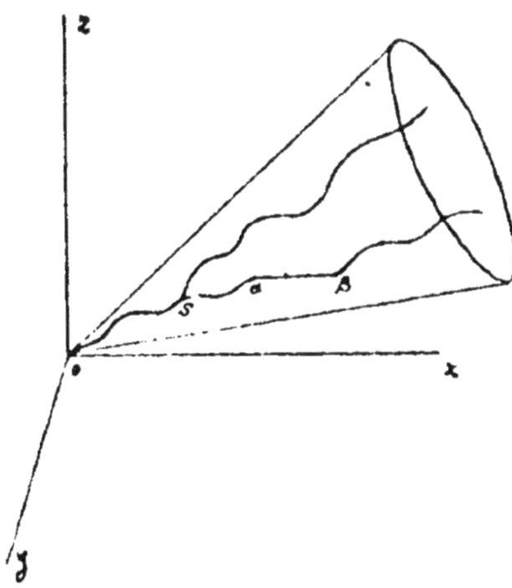

Fig. 6. — Divergence de deux lignées issues d'un ancêtre commun.

aisément que les diverses courbes représentant les lignées parentes seront comprises dans un cône dont l'ouverture sera d'autant plus grande que les divergences entre descendants d'un même ancêtre auront été plus accentuées. Les divers groupes de la Classification seront donc représentés par des cônes divers (fig. 7). Un cône *embranchement* pourra contenir plusieurs cônes *classe*, lesquels contiendront des cônes *ordre*, et ainsi de suite. On aura là un mode de représentation assez avantageux de l'évolution lamarckienne des espèces vivantes et de leur classification philosophique. Le principe de Fritz Müller sera réduit à ses justes proportions par l'emploi de ce mode de figuration. Je renvoie

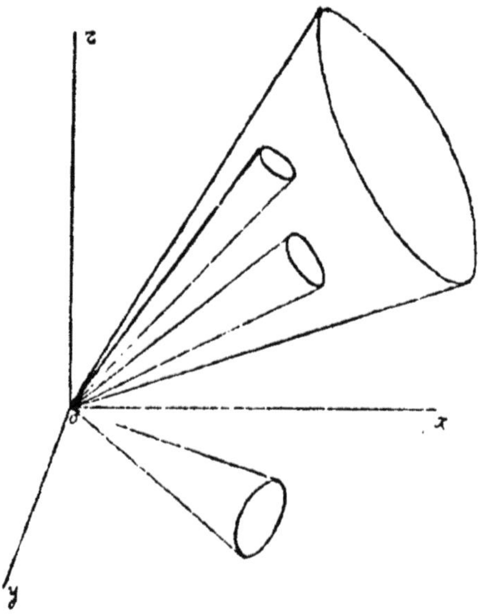

Fig. 7. — Cônes de classification.

le lecteur à la discussion que j'ai exposée ailleurs de la valeur réelle de ce principe[1].

ÉVOLUTION INDIVIDUELLE ET DIFFÉRENCIATION CELLULAIRE

Nos considérations sur l'unité du patrimoine individuel vont nous permettre d'apporter quelque lumière sur le phénomène qui a paru le plus inex-

1. *La crise du Transformisme*, 8ᵉ leçon.

plicable aux observateurs, et dont les trop sim-
plistes essais d'explication nous ont valu les théories les plus néfastes du phénomène de l'hérédité.

Dans un poussin qui·se construit au sein d'un
œuf, sans aucune intervention de contraintes
extérieures, et avec cette seule condition que le
milieu ambiant fournisse l'air et la chaleur nécessaires, il se passe une série de phénomènes mor-
phologiques admirables, dont le plus admirable
est, sans contredit, que le jeune animal sort de
son œuf, armé de pied en cap pour la lutte et
muni d'un outillage auprès duquel les plus mer-
veilleuses machines humaines ne sont que des
jeux d'enfants. Que ce poussin, descendant d'ancêtres dont le mécanisme ne dépassait sans doute
pas celui d'une amibe ou d'un protozoaire quelconque, se soit construit petit à petit au cours d'une
évolution cent mille fois séculaire, le lamarckisme
nous le fait comprendre par la superposition progressive au patrimoine héréditaire initial des caractères acquis au cours des adaptations successives. Il
n'en reste pas moins le fait même de l'évolution
individuelle qui, de l'œuf à structure amorphe, tire,
petit à petit, suivant un chemin toujours le même,
cette série de divisions cellulaires avec différencia-
tions histologiques, allant lentement mais sûrement
vers la construction définitive d'un poussin viable
et vivant. Cette évolution individuelle a paru si
prodigieuse, que l'on a admis pour l'expliquer le

système fantastique de Weismann, ce qui revenait à dire que l'on renonçait à l'expliquer, car le système de Weismann n'est qu'un édifice verbal sans aucune consistance. Une application raisonnée de nos principes biologiques va nous permettre de prendre, vis-à-vis du mystère de l'évolution individuelle, une attitude plus scientifique.

Tous les éléments histologiques sont les types possibles d'une cellule polymorphe dont le patrimoine individuel reste constant à travers tous les avatars, comme le soufre reste du soufre dans les cristaux prismatiques aussi bien que dans les cristaux octaédriques. Ce sont les contraintes locales qui ont, au cours de l'évolution, déterminé l'apparition topographiquement définie de chaque type cellulaire, en rapport avec le fonctionnement local qui correspondait à la part locale du fonctionnement général. Ces contraintes locales résultant du fonctionnement d'ensemble nous apparaissent comme des nécessités très claires; la différenciation progressive des éléments cellulaires distribués topographiquement, comme il convient au fonctionnement d'ensemble, nous fait donc l'effet d'une chose très compréhensible à la lumière de nos principes biologiques. Et s'il s'agissait d'une espèce dont la vie est libre depuis les premiers stades cellulaires, nous comprendrions que chaque vie individuelle construise progressivement ses tissus, d'après les propriétés morphogènes de son patrimoine individuel, puisque le fonctionnement total, nécessaire à la vie, développe à chaque instant, en chaque point de l'organisme, les contraintes locales correspondantes. Mais voici que, dans l'œuf de la poule, à l'abri de la coque protectrice, se développent, au sein du vitellus nutritif, des tissus qui, pendant le développement, ne servent en rien au fonctionnement du mécanisme d'ensemble. Je ne dis pas que le poussin, dans l'œuf, ne fonctionne pas; ce serait absurde; j'ai assez longtemps insisté sur l'impossibilité de séparer la vie du fonctionnement pour ne plus craindre qu'on me prête une pareille absurdité. Le poussin fonctionne donc, mais il ne fonctionne pas au moyen du mécanisme qui caractérisera le poussin après l'éclosion; il fonctionne comme une moule, comme un champignon, et cependant, quoique le fonctionnement poussin-enfermé ne produise pas, en chaque point du corps, les contraintes correspondant au fonctionnement poussin-libre, le développement individuel produit en chaque point le caractère histologique nécessaire à la construction du mécanisme poussin-libre, lequel ne servira qu'à l'éclosion.

Nous allons voir maintenant combien était utile la remarque que nous avons faite plus haut (p. 156), qu'il ne faut pas parler différemment des caractères dans l'espace et des caractères dans le temps. Une mélodie, qui est dans le temps, imprime en nous une image, aussi bien fixée dans notre structure qu'une image visuelle d'objet, laquelle est dans l'espace. Quand nous avons parlé des facteurs de contrainte faisant naître des caractères acquis, nous n'avons pas non plus restreint notre considération à l'action d'un facteur défini dans l'espace; nous avons dit au contraire (p. 156) que notre raisonnement se rapportait aussi bien à une série de facteurs obéissant à une certaine loi dans le temps.

En observant l'évolution individuelle d'un poussin avant l'éclosion, nous constatons que les caractères topographiques s'acquièrent dans l'individu, sans que se produise le fonctionnement d'ensemble dont provenait la contrainte locale qui avait primitivement fait naître ces caractères. *C'est donc que ces caractères topographiques se produisent aujourd'hui sans contrainte.* C'est donc que l'ordre d'apparition des divers tissus aux divers points, ordre d'apparition auquel a été soumis le patrimoine héréditaire, *qui en a traversé les vicissitudes* au cours de la vie libre des individus ancestraux, autant de fois qu'a été renouvelée cette vie libre, c'est-à-dire autant de fois qu'il y a eu des ancêtres du poussin vivant librement dans l'ambiance, cet ordre d'apparition, dis-je, a fini par s'imprimer dans le patrimoine héréditaire qui y a été soumis mille et mille fois; de sorte que ce qui était jadis un caractère d'éducation *a fini par devenir un caractère d'hérédité.* Et aujourd'hui, même dans le vitellus qui annule le fonctionnement du mécanisme poussin-libre, le patrimoine du poussin actuel construit, sans contrainte, un mécanisme dont l'apparition progressive est entièrement dirigée par le patrimoine héréditaire! Et si cela est vrai du poussin qui a une vie parasite dans l'œuf, cela est sans doute devenu vrai aussi de la plupart des espèces vivantes dont les larves ont une vie libre. Le développement histologique se fait aujourd'hui *sans contrainte*, parce que la contrainte éducative s'est produite de la même manière des milliers et des milliers de fois!

Ces considérations sont trop délicates pour que je n'y insiste pas encore un instant. Nous nous trouvons une fois de plus en présence d'un cas où une modification se produit petit à petit dans le patrimoine héréditaire, alors qu'aucune variation morphologique n'a plus lieu dans le mécanisme d'ensemble. La seule chose qui se passe désormais, c'est donc que, l'évolution des individus se produisant semblable à elle-même pendant de nombreuses générations, la gêne, la contrainte qui accompagne cette évolution disparait petit à petit par adaptation progressive du patrimoine héréditaire à cette évolution déjà fixée. Déjà, tout à l'heure, nous faisions une remarque semblable au sujet du moment où a lieu le changement d'espèce. Ce moment, disions-nous, échappe à l'observateur morphologiste, car il correspond, non à un changement de forme, mais bien à un phénomène grâce auquel une évolution avec contrainte est remplacée par une évolution sans contrainte qui lui est morphologiquement identique. Dans l'appendice qui termine ce volume, nous trouverons un nouvel exemple, très caractéristique, de ce passage de l'évolution avec contrainte éducative à l'évolution sans contrainte, c'est-à-dire purement héréditaire.

Dans le cas qui nous occupe au cours de ce paragraphe, voici ce qu'il faut donc comprendre : supposons que nous soyons à un moment où l'espèce considérée vient d'acquérir, sous l'influence des conditions ambiantes, un caractère nouveau. Ce caractère nouveau est fixé dans le patrimoine héréditaire, et, même dans un milieu où n'existent plus les conditions qui ont fait naître ce caractère, il apparaît fatalement au cours de l'évolution individuelle, par suite de nécessités internes qui se suivent dans un ordre historique fatal, à cause du fonctionnement de l'animal en voie de développement, dans un milieu où il ne se passe rien d'anormal (voir plus haut, p. 155). Eh bien, même alors, tout n'est pas encore fini tant qu'il y a des contraintes internes résultant des nécessités historiques du fonctionnement. Petit à petit, ces contraintes diminuent et disparaissent parce que le patrimoine individuel s'y adapte progressivement. Et, au bout de quelque temps, alors que l'espèce n'a morphologiquement pas changé, le patrimoine héréditaire s'est encore modifié de manière à annuler toute contrainte interne au cours de l'évolution individuelle. A partir de ce moment, et de ce moment seul, la formation des tissus se fait dans un ordre donné, *indépendamment du fonctionnement;* le développement peut se faire dans un milieu nutritif abondant comme le vitellus d'un poulet, où il conduit à un poussin admirablement conformé et prêt à un fonctionnement merveilleux que ce poussin n'a jamais exécuté jusque-là.

Que cela soit le cas pour le poussin, aucun doute n'est possible; que cela soit le cas pour les animaux dont le développement est libre, comme les crustacés qui nagent depuis le stade nauplius, cela se conçoit par comparaison avec le poussin, mais cela ne serait pas démontré, puisque, chez ces êtres, le fonctionnement constructeur a lieu effectivement, si nous ne connaissions pas des cas de *pœcilogonie.* Une crevette pouvant vivre dans l'eau saumâtre et dans l'eau marine, le *palæmonetes varians* pond suivant que l'eau est plus douce ou plus salée, des œufs avec très peu de vitellus ou des œufs avec beaucoup de vitellus. Dans le premier cas, la larve sort de langes plus tôt que dans le second cas; et cependant le résultat du développement est identique dans les deux cas. C'est donc bien que le développement sans contrainte est prévu dans le patrimoine héréditaire indépendamment des contingences, pourvu que la vie continue.

Je me contente de signaler ces faits remarquables, et je les livre avec tout le contenu du présent paragraphe, aux réflexions du lecteur. Sans doute mes déductions paraîtront au premier abord très audacieuses; elles me semblent inattaquables aujourd'hui, quoique je m'y sois livré d'abord avec beaucoup d'hésitation. Elles doivent en tout cas avoir pour résultat de nous disposer à expliquer beaucoup de faits par la *plasticité* du patrimoine héréditaire, dont l'histoire est celle des lignées qui ont conduit aux espèces actuellement vivantes. J'ai essayé de montrer, dans un ouvrage récent[1], que cette plasticité doit diminuer à mesure que les espèces vieillissent, et que, parmi les espèces actuelles, beaucoup ne peuvent plus acquérir, ou du moins ne peuvent acquérir que très difficilement de nouveaux caractères héréditaires; mais je suis convaincu que la plasticité du patrimoine individuel a dû être extrêmement grande, surtout dans les premiers temps, puisque nous voyons se produire aujourd'hui sous nos yeux, naturellement et sans effort, des évolutions dont l'origine remonte sûrement à des gênes provenant de contraintes. La contrainte a disparu, la gêne aussi, parce que le patrimoine héréditaire s'est *adapté* progressivement à toutes les circonstances, en vérifiant des milliers et des milliers de fois cette loi, qui pa-

1. *La Stabilité de la Vie.*

rait décidément la plus synthétique de toute la biologie : **la nature a horreur de la contrainte.**

PARTHÉNOGÉNÈSE ET AMPHIMIXIE

Dans tous les raisonnements que nous avons faits depuis le commencement de ce chapitre, nous avons supposé que les êtres étudiés se reproduisaient par parthénogénèse, c'est-à-dire qu'un seul parent intervenait pour fournir le morceau de substance vivante duquel provenait le nouvel individu. Or, les cas de parthénogénèse sont assez rares dans la nature ; en particulier, ils ne se produisent jamais chez les animaux supérieurs dont l'histoire nous intéresse le plus, parce qu'elle ressemble à la nôtre. On pourrait donc supposer que notre étude des caractères acquis et de leur transmission héréditaire ne s'applique qu'à un petit nombre d'espèces très différentes de l'homme, et n'a par conséquent, pour nous hommes, qu'un intérêt minime.

Il n'en est rien.

Dans le cas le plus ordinaire, le patrimoine individuel d'un être nouveau provient, en effet, d'une amphimixie, c'est-à-dire du mélange de deux morceaux d'individus empruntés à deux parents différents. Ces deux morceaux d'individus, ou gamètes, ont des patrimoines héréditaires différents, puisque chacun d'eux a le patrimoine individuel du parent qui l'a fourni. Et c'est une des questions les plus obscures de la biologie que de savoir comment se construit le patrimoine de l'être nouveau, dans l'acte de la fécondation ou fusion de deux gamètes d'origine différente. A coup sûr, le patrimoine de l'être nouveau est quelque chose de nouveau; ce n'est ni celui du père, ni celui de la mère : c'est, je ne saurais trop le répéter, *quelque chose de nouveau.*

Cependant, il y a une règle certaine, et que tous les faits observés ont mise en pleine lumière, c'est que *tout ce qui est commun au père et à la mère* se retrouve dans le patrimoine du fils. Par exemple, si les deux parents sont de même espèce, le fils a les caractères de l'espèce ; si les deux parents sont de même race, le fils a les caractères de la race ; de même encore pour les variétés les plus délicatement définies.

Supposons donc que, pendant un certain temps et dans un certain lieu, tous les membres d'une espèce donnée soient soumis à de nouvelles conditions d'existence; la même contrainte fera acquérir à tous les individus de cette espèce localisés dans cet endroit le même caractère nouveau. Ce même caractère nouveau, acquis à la fois par les mâles et par les femelles, se transmettra naturellement à tous les produits de leurs croisements, absolument comme si les individus atteints par cette variation acquise se reproduisaient par parthénogénèse. Et, par conséquent, il est inutile de s'occuper des phénomènes d'amphimixie quand il s'agit de raconter l'évolution adaptative des espèces. Lamarck avait bien compris cette particularité quand il a énoncé son principe de l'hérédité des caractères acquis par fonctionnement habituel; il a spécifié que ces particularités se transmettent aux enfants, *pourvu qu'elles aient été acquises par les deux sexes à la fois.* Cela sépare la question sexuelle de la question de l'origine des espèces. Les Darwiniens, au contraire, par une erreur de méthode qui sera longtemps funeste, ont cru que les petites variations dues aux hasards de l'amphimixie sont la source, et la source unique des évolutions spécifiques[1].

1. Je renvoie à mon *Traité de Biologie* pour l'étude des phénomènes sexuels et de l'amphimixie.

CHAPITRE V

La continuité du système nerveux. Contrainte et Conscience.

CONTINUITÉ PROTOPLASMIQUE ET SYSTÈME NERVEUX

Nous avons trouvé la première idée de nos lois générales dans l'étude des protozoaires, qui présentent, comme particularité essentielle, une substance vivante *continue* dans toute l'étendue de leur mécanisme individuel. Nous avons pu ensuite transporter nos théorèmes dans le domaine des êtres supérieurs pluricellulaires, toutes les fois qu'il s'est agi d'une règle que nous avions découverte en nous servant uniquement de la possibilité, pour un individu, soit de régénérer sa forme après troncature, soit de construire fatalement sa forme totale à partir d'un élément initial doué d'un patrimoine donné. Ainsi, nous avons établi d'une manière indiscutable la notion féconde de l'unité de constitution d'un individu-mécanisme, si compliqué qu'il fût histologiquement, et nous avons été en mesure de mener jusqu'au bout, avec ce seul point de départ, toutes nos considérations relatives à l'acquisition de caractères nouveaux et à la transmission héréditaire des caractères acquis.

Mais, l'être supérieur étant pluricellulaire, sa substance vivante est, par définition, discontinue, tandis que celle du protozoaire était, au contraire, continue par définition. Il y aurait donc, sans aucun doute, certaines particularités des êtres unicellulaires qui ne se retrouveraient pas chez les animaux supérieurs, à savoir les particularités qui dépendent de la continuité protoplasmique, si un nouveau trait d'organisation ne venait suppléer à la discontinuité cellulaire en réalisant, dans l'ensemble de l'individu, l'équivalent plus ou moins parfait de la continuité de substance des protozoaires.

Le système nerveux, qui manque aux végétaux et est particulièrement développé chez les animaux que nous appelons supérieurs, établit, à travers la substance discontinue de l'être pluricellulaire, des communications que l'on a souvent comparées à des communications télégraphiques.

D'une part, en effet, certaines cellules nerveuses atteignent, par leurs prolongements cylindraxiles, une longueur qui ne le cède guère à la longueur du corps tout entier.

D'autre part, les extrémités distales de ces cylindraxes se ramifient en filaments très ténus qui pénètrent dans la substance même d'un grand nombre d'éléments cellulaires et entrent en *conti-nuité* avec le protoplasme de ces éléments, de sorte que l'ensemble du neurone et de toutes les cellules somatiques dans lesquelles pénètrent les prolongements de son cylindraxe forme un tout protoplasmique d'*énormes dimensions*, et entre les divers points duquel existent néanmoins des relations de continuité du même ordre que celles qui sont réalisées dans la substance limitée d'un être unicellulaire.

Enfin, les divers neurones d'un animal sont réunis au voisinage les uns des autres en agglomérations plus ou moins considérables que l'on appelle les centres nerveux. Or, outre son prolongement cylindraxile, chaque neurone a encore d'autres prolongements ramifiés comme une racine chevelue, et qui s'entremêlent avec les chevelures des neurones voisins. On ne sait pas encore définitivement si les chevelures de deux neurones voisins sont en *continuité* protoplasmique les unes avec les autres, ou si elles ont seulement des rapports de *contiguïté* assez étroits pour permettre le passage de l'influx nerveux, d'un neurone à son voisin, par les points de moindre résistance.

Dans la première hypothèse, l'ensemble formé par tous les neurones et par tous les éléments cellulaires dans lesquels pénètrent les prolongements de leurs cylindraxes formerait un tout protoplasmique continu, comprenant néanmoins la presque totalité de l'être pluricellulaire.

Dans la seconde, la continuité substantielle n'existerait pas, mais la possibilité du passage de l'influx nerveux, de neurone à neurone, par contiguïté, réaliserait à peu près la même unité de mécanisme.

L'existence du système nerveux dans un organisme pluricellulaire va donc jouer un rôle de tout premier ordre dans son fonctionnement d'ensemble.

DÉVELOPPEMENT ET FONCTIONNEMENT DU SYSTÈME NERVEUX INDIVIDUEL

Au cours de l'évolution qui mène de l'œuf à l'adulte, on voit d'ordinaire, à un stade assez précoce de cette évolution, un certain nombre de cellules, toujours placées au même endroit dans tous les individus d'une même espèce, et qui prennent une attitude à laquelle on reconnaît qu'elles vont être le point de départ du tissu nerveux de l'animal. Le reste de l'évolution constitutive se poursuit, et fabrique les amas cellulaires qui sont les ébauches des diverses parties de l'être, pendant que les cellules-mères du système nerveux se multiplient pour leur compte, comme ferait un champignon parasite dans l'amas cellulaire total, et construisent un certain nombre de neurones, qui, placés en des points bien déterminés de l'individu, poussent petit à petit, à travers l'ensemble de l'être, leurs prolongements cylindraxiles semblables à des lignes télégraphiques. On pourrait dire que le parasite nerveux prend possession de tout le pays formé par l'amas cellulaire dans lequel il pousse; et chaque ligne télégraphique suit un parcours bien déterminé et va s'aboucher avec des cellules, toujours les mêmes, dans tous les individus de la même espèce. Tout cela se fait si naturellement que l'on ne peut plus y voir l'effet d'une contrainte actuelle; on doit penser que ce développement du système nerveux parasite est réglé désormais, dans tous ses détails, par le patrimoine héréditaire, comme nous l'avons compris à l'avant-dernier paragraphe du dernier chapitre; et, de fait, le système nerveux se développe en entier chez le poussin avant le commencement du fonctionnement poussin.

Une fois l'animal construit, le système nerveux joue, dans la détermination des fonctionnements cellulaires locaux, un rôle extrèmement important. Par exemple, un élément musculaire, qui se contracte lorsqu'il reçoit un influx nerveux du neurone correspondant, finit par s'atrophier quand des conditions spéciales empêchent l'influx nerveux d'y arriver pendant un assez long temps ; quand, par exemple, on a coupé le cylindraxe qui l'unit à son neurone. Il semble donc bien que, chez l'animal adulte, chaque élément histologique ne soit plus, *au point de vue de l'assimilation*, un mécanisme complet, sans le secours du neurone avec lequel il est en continuité. Et ce fait qui paraît bien démontré, quoique nous ne connaissions pas les transformations intraprotoplasmiques qui le déterminent, nous donne une preuve nouvelle de l'individualisation progressive de l'assemblage cellulaire qui constitue un animal supérieur. Cette dépendance des éléments histologiques par rapport au système nerveux ne se réalise d'ailleurs définitivement que chez l'adulte. Pendant le développement qui mène à l'adulte, on constate au contraire, comme nous l'avons dit précédemment, que la masse cellulaire totale se construit pour son compte personnel, indépendamment de l'ébauche du système nerveux qui s'implante dans cette masse cellulaire comme un champignon parasite, et qui pousse petit à petit ses prolongements de manière à encombrer tout le corps de son réseau télégraphique. *Avant que* les cylindraxes aient atteint les cellules qu'ils doivent innerver, avant donc que la continuité nerveuse soit établie, la forme du corps total se construit cependant en vertu du théorème morphobiologique, ce qui prouve bien que le système nerveux, indispensable au fonctionnement assimilateur de l'adulte, ne joue aucun rôle dans la direction du développement embryonnaire. Une belle

expérience de M. Wintrebert prouve directement
ce fait que des considérations générales nous ont
permis de prévoir ; chez des larves d'axolotl, dont
les pattes et la queue se régénèrent après troncature, on obtient les mêmes régénérations des
parties sectionnées, soit que l'on ait affaire à une
larve ordinaire, soit que l'on s'adresse à une
larve dans laquelle on a détruit à l'avance le système nerveux correspondant à l'appendice à régénérer. Ainsi, le développement du système nerveux
est à la fois prévu dans le développement général
et sans action sur ce développement. Un élément
nerveux qui jouera, chez l'adulte, un rôle si primordial, se comporte, pendant le développement,
comme un élément quelconque sans relation avec
les autres éléments histologiques. Évidemment
donc, il se produit, au cours de l'évolution
embryonnaire, une modification progressive des
éléments somatiques, de telle manière que ces
éléments, lorsqu'ils sont adultes, sont incomplets
par eux-mêmes et ont besoin, pour assimiler,
d'être complétés par l'influx nerveux, tandis que,
pendant le développement, les tissus non encore
adultes se développent comme des tissus végétaux,
en vertu du théorème morphobiologique. Il y a
donc, dans le fonctionnement de l'adulte, une nouvelle *bipolarité* analogue à celle que nous avons
trouvée dans le protoplasma et qui s'y appelait la
bipolarité (cytoplasma-noyau); ici, c'est la bipo-

larité (neurone — élément périphérique) qui se
réalise petit à petit au cours du développement; si,
par une comparaison plus ou moins justifiée, nous
donnons le nom de *maturation* à l'apparition de
cette bipolarité progressive, nous pourrons constater, par les expériences de mérotomie, que cette
maturation est plus ou moins complètement réalisée, suivant les espèces, dans les tissus de l'adulte,
c'est-à-dire que, suivant les espèces, l'intervention
de l'influx nerveux est plus ou moins complètement
indispensable au fonctionnement assimilateur des
éléments périphériques. Autrement dit, l'indivi-
dualité-mécanisme est plus ou moins totale.

Chose très remarquable, l'élément nerveux, qui
apparaît à une place rigoureusement déterminée
dans l'individu pluricellulaire, et qui joue ensuite
un rôle si merveilleux dans la réalisation de l'individu-mécanisme, semble rester cependant, comme
un parasite égoïste, à l'écart de cette individualité
à laquelle il ajoute tant. Si, en effet, on fait sur
les diverses parties du système nerveux des expériences de mérotomie, on constate ordinairement
que chaque neurone, une fois construit, agit pour
son compte *comme une cellule isolée*. Si l'on coupe
le cylindraxe d'un neurone, la partie protoplasmique
distale, séparée du corps cellulaire nucléé, meurt
comme un morceau de cytoplasma sans noyau
chez les protozoaires; mais le neurone nucléé restant régénère son cylindraxe, et le pousse de

nouveau à travers les tissus de son hôte. Le neurone se comporte donc comme un Stentor au cours des expériences de mérotomie.

Jusque-là, rien de bien extraordinaire.

Mais, si l'on détruit un neurone donné dans un individu adulte, *ce neurone est définitivement détruit;* les autres parties de l'individu adulte sont plus ou moins aisément, suivant l'âge et l'espèce, régénérées après troncature ; au contraire, les troncatures qui atteignent les centres nerveux ne sont pas suivies de régénération. Les neurones qui apparaissent fatalement, en nombre déterminé, au cours de l'évolution individuelle, apparaissent *une fois pour toutes.* Ils ne sont pas indispensables à l'équilibre individuel réalisé chez un adulte dont ils dirigent cependant le fonctionnement. Tout cela peut paraître bien étrange, mais est démontré par trop d'expériences pour qu'on puisse en douter. Voici donc comment il faut, à mon avis, envisager l'histoire de la présence du système nerveux chez les animaux.

D'abord, sans nous préoccuper de l'existence du système nerveux, nous constatons que l'individu pluricellulaire animal se construit progressivement, en vertu du théorème morphobiologique, absolument comme un individu pluricellulaire végétal[1],

---

1. Bien entendu, il s'agit ici d'un véritable individu végétal, c'est-à-dire de ce qui, dans ce végétal, est la plus haute unité morphologique héréditaire. (V. *l'Unité dans l'être vivant,* op. *cit.*)

c'est-à-dire que sa forme est guidée par son patrimoine héréditaire.

Ensuite, surajouté à cette agglomération qui, je le répète, est déjà un individu, le système nerveux, comparable à un parasite, quoiqu'il provienne de l'œuf comme le reste de l'individu, ajoute à cette individualité végétale une continuité protoplasmique qui augmente l'unité du mécanisme en établissant des relations protoplasmiques directes entre les divers points de l'agglomération. Muni d'un système nerveux, l'être supérieur est donc plus comparable à un protozoaire que ne l'est le végétal pluricellulaire. Il sera donc tout naturel que nous trouvions plus de rapprochements à établir entre l'animal et la cellule qu'entre la cellule et le végétal.

Cependant, une différence évidente nous apparaît immédiatement.

Chez la cellule, chez le protozoaire, la continuité est ou du moins paraît quelconque; entre deux points choisis au hasard dans la masse cytoplasmique ou nucléaire, on peut tracer une ligne droite et *une infinité* de lignes sinueuses, le long de toutes lesquelles la continuité protoplasmique ne se dément pas un instant. Au contraire, entre deux points choisis dans l'ensemble protoplasmique continu d'un animal supérieur, le chemin continu n'est pas arbitraire. Il faut remonter par les fibrilles cylindraxiles au neurone qui innerve l'élément point de départ ; il faut passer de là à travers plusieurs neurones qui ne sont pas absolument quelconques et arriver enfin au neurone particulier qui innerve l'élément point d'arrivée. Chez les animaux doués d'une continuité nerveuse, la notion de *chemin* de continuité prend donc une importance que rien ne nous a permis de deviner chez les protozoaires. Ce qui se passe en un point de l'organisme ne retentit pas indifféremment en n'importe quel autre point du corps, mais en des points particulièrement déterminés par un chemin que doit suivre l'influx nerveux.

Les chevelures des neurones sont sans cesse modifiées par leurs fonctionnements successifs ; les rapports de continuité ou de contiguïté, établis entre les neurones voisins, sont donc extrêmement variables, et un influx nerveux, qui part d'un point donné du corps et qui choisit naturellement, pour les parcourir, les chemins de moindre résistance, doit suivre des routes différentes dans les centres nerveux selon que les phénomènes précédents ont donné à ces centres nerveux telle ou telle disposition actuelle. Il est donc bien impossible à un observateur étranger qui constate la réalisation, chez un animal, de telle excitation périphérique, de prévoir le chemin que suivra, dans les centres, l'influx nerveux résultant, et de deviner, par conséquent, quel en sera l'aboutissant fonctionnel. C'est pour cela que les animaux supérieurs vivant les uns près des autres sont *libres les uns des autres*, parce qu'aucun d'eux ne peut prévoir ce que fera son voisin dans telle ou telle circonstance.

L'existence de ces chemins, fatalement imposés à chaque instant à l'influx provenant d'une certaine excitation, et fatalement modifiés aussi après chaque passage d'influx, en vertu de l'assimilation fonctionnelle, donne à l'activité des êtres supérieurs une complexité qui tient du prodige quand on le compare à la simplicité cellulaire.

Je ne m'étends pas davantage sur ces conditions générales ; le lecteur doit connaître, par des études antérieures, la physiologie du système nerveux. Je me suis borné à signaler les particularités par lesquelles l'animal supérieur ressemble au protozoaire et celles par lesquelles il en diffère, de manière à savoir quelles sont les notions générales découvertes chez les êtres unicellulaires et qui pourront se transporter aux êtres supérieurs et à l'homme lui-même.

ALIMENTATION MATÉRIELLE ET ALIMENTATION ÉNERGÉTIQUE

Nous avons constaté, dès les premiers chapitres de cet ouvrage, que la différence apparente entre les colloïdes et les radiations rythmées n'est pas, au point de vue de l'action de ces facteurs sur les organismes vivants, aussi profonde qu'elle le paraît.

Un protozoaire, qui lutte contre un conquérant d'espace, lutte contre le rythme troublant de ce conquérant, et le résultat de la lutte peut se formuler d'une manière analogue, soit qu'il s'agisse d'un rythme adhérent à un support matériel (colloïde alimentaire ou toxine), soit qu'il s'agisse d'une vibration sonore ou lumineuse qui, se transportant sans substratum personnel à travers les milieux élastiques, pénètre avec ses qualités conquérantes personnelles dans le domaine limité par le contour d'un être vivant.

Chez l'animal supérieur, la différence paraît plus grande au premier abord entre les colloïdes et les rythmes physiques. C'est qu'en effet, sauf pour la chaleur, qui pénètre à travers n'importe quelle partie de la paroi limitante du corps, il y a des entrées particulières réservées aux divers conquérants d'espace.

Les aliments colloïdes pénètrent dans le milieu intérieur par les surfaces absorbantes des muqueuses digestives, et, une fois introduits dans le milieu intérieur après avoir subi les modifications de la digestion générale, ils sont, vis-à-vis des éléments histologiques, dans une position analogue à celle du moût pour la levure de bière qui y plonge. Chaque élément histologique semble vivre pour son compte dans le milieu intérieur que le fonctionnement d'ensemble a fourni de substances alimentaires; c'est donc, en réalité, un ensemble de vies cellulaires et non une vie de mécanisme d'ensemble que l'on observe dans la lutte entre les éléments histologiques et le milieu intérieur. Quand on injecte, au moyen d'une seringue de Pravaz, un colloïde alimentaire ou toxique dans le milieu intérieur d'un cochon d'Inde, on étudie donc simplement des phénomènes de vie cellulaire, et il n'y a rien d'étonnant à ce que le langage propre aux protozoaires et aux bactéries s'étende, sans modification aucune, aux résultats des expériences ainsi réalisées (sérothérapie, phénomène de Bordet, etc.). Nous avons étudié précédemment tous ces phénomènes qui sont, en effet, justiciables des mêmes formules générales.

Au contraire, les radiations sonores ou lumineuses entrent dans l'organisme par des portes spéciales (yeux, oreilles), et passent directement dans la continuité protoplasmique d'ensemble sans jamais traverser le milieu intérieur. En effet, les surfaces sensorielles sont logées dans de petites ouvertures creusées dans le sac de cuir qui enveloppe tout l'animal. Ces surfaces sensorielles sont tapissées par l'épanouissement du nerf correspondant (nerf optique pour l'œil, nerf acoustique pour l'oreille, etc.) et séparées du monde extérieur par les appareils récepteurs des vibrations spéciales auxquelles elles sont sensibles (œil pour la vue, oreille pour l'ouïe). A travers ces appareils récepteurs, les vibrations extérieures sont accueillies et concentrées de manière à agir avec intensité sur les surfaces sensorielles correspondantes ; il en résulte des ébranlements *directs* de la substance nerveuse, ébranlements qui déterminent dans les nerfs aboutissant à ces surfaces sensorielles et venant des centres correspondants, des mouvements dont la forme est en rapport étroit avec les mouvements rythmiques des vibrations perçues. Par exemple, une phrase mélodique, dont la forme dans le temps peut être traduite fidèlement par une courbe inscrite sur un cylindre, détermine la production, dans le nerf auditif, d'une série centripète d'influx dont la forme peut être non moins fidèlement traduite par la même courbe. C'est ce que j'ai appelé « la production d'une image de première espèce ou image dans le temps ». De même, une phrase colorée (variation de couleurs ou de nuances se suivant dans un ordre déterminé) déterminera dans le filet nerveux centripète qui part de l'un des bâtonnets de la rétine, une série d'influx nerveux qui sera la traduction fidèle de la phrase colorée en question (image lumineuse de première espèce). Le synchronisme de plusieurs phrases colorées déterminant *en même temps*, à partir des divers bâtonnets de la rétine, un nombre égal d'influx nerveux centripètes correspondants réalisera ce que j'ai appelé *image de seconde espèce ou image dans l'espace*, et représentera la forme

20.

des corps éclairés extérieurs. D'une manière générale, la notion de forme proviendra, chez l'animal, du synchronisme de plusieurs influx nerveux pénétrant dans son système nerveux par un grand nombre de points à la fois de ses surfaces sensorielles. Le synchronisme des influx nerveux tactiles et des influx nerveux visuels, pénétrant à la fois par divers points des mains et des rétines, donnera à l'homme la connaissance la plus complète qu'il puisse obtenir de la forme des objets extérieurs. Ces images de deuxième espèce sont uniquement les résultats du synchronisme de plusieurs images de première espèce, qui pénètrent à la fois dans le système nerveux par un grand nombre de points séparés les uns des autres dans l'espace par des distances finies. Un seul filet nerveux centripète pouvait nous donner une image de première espèce ; il faut un grand nombre de filets nerveux provenant de surfaces sensorielles de dimension *finie* pour nous donner une image de forme ou image dans l'espace. Je ne fais que signaler cette importante distinction ; je l'ai très longuement étudiée dans un autre ouvrage de cette collection[1], et je n'ai rien à ajouter à l'étude que j'en ai faite dans cet ouvrage. Je veux seulement insister ici sur la comparaison à faire entre la manière dont l'organisme se comporte vis-à-vis de ces pénétrations

1. *Science et Conscience*, ch. IV et V.

d'images venues de l'extérieur et celle dont il réagit aux rythmes colloïdes auxquels il a affaire dans les phénomènes d'alimentation matérielle ou d'intoxication. Nous allons rencontrer là une unité de langage qui sera aussi féconde qu'imprévue. Mais avant d'entrer dans le vif de cette étude, il faut rappeler encore une autre particularité très importante des phénomènes vitaux, particularité dont l'étude objective de la vie ne suffirait pas à nous démontrer l'existence, et que nous attribuons seulement par hypothèse aux êtres vivants autres que nous, après avoir reconnu combien nous leur ressemblons dans toutes les manifestations objectives de notre activité; je veux dire la propriété de conscience.

On pourra trouver que c'est une erreur de méthode de mêler ainsi le subjectif à l'objectif. En réalité, ce n'est qu'une erreur apparente.

Nous continuerons à parler des influx nerveux centripètes transportant des formes rythmiques des surfaces sensorielles aux centres nerveux, et cela sera parfaitement objectif. Mais comme nous ne connaissons, par l'étude objective directe, que les résultats lointains de l'activité animale mise en jeu après ces pénétrations d'image, comme les réflexes qui ont pour point de départ ces impressions sensorielles sont extrêmement compliqués, nous nous bornerons à étudier ces phénomènes chez *nous-mêmes*, c'est-à-dire dans un cas où nous avons un moyen de suivre le phénomène le long de tout son parcours intracorporel.

Quand il s'agit, par exemple, d'une phrase mélodique venant de l'extérieur, nous pouvons suivre cette phrase, objectivement, jusqu'à notre oreille. A partir de là, nous savons qu'il se produit, chez les autres animaux semblables à nous, des influx nerveux traduisant fidèlement la phrase mélodique. Chez nous, qui leur ressemblons, et qui avons *un autre* moyen de connaître les phénomènes dont notre système nerveux est le siège, nous constatons, au lieu de ces influx nerveux, un phénomène subjectif *qui est également la traduction fidèle de la phrase mélodique extérieure;* nous *entendons* cette phrase, avec tellement de précision que nous pouvons la reproduire sans aucun changement. Voilà donc deux expériences que nous mettons en parallèle :

1° Chez un individu de mon espèce, autre que moi-même mais semblable à moi, je constate la succession suivante : phrase mélodique externe; impression de l'oreille; transmission centripète d'une série d'influx nerveux *qui est la traduction fidèle* de la phrase mélodique externe;

2° Chez moi-même : phrase mélodique externe; impression de l'oreille, puis *audition fidèle* de la phrase mélodique externe.

Les deux phénomènes sont identiques; seulement, dans le premier cas, nous employons jusqu'au bout la méthode objective; dans le second cas, nous employons, à partir de la pénétration dans notre individu, la méthode subjective que nous ne pouvons employer que pour nous-mêmes, et nous constatons que : le phénomène interne, étudié subjectivement chez nous, est, de même que le phénomène interne, étudié objectivement chez notre congénère, *la traduction fidèle de la phrase rythmique externe.* De cette constatation nous tirons nécessairement la conclusion que *l'audition est seulement la connaissance subjective qui accompagne chez chaque individu les influx nerveux dans lesquels se fait la traduction fidèle de la phrase mélodique externe.* Et dans cette conclusion, nous sommes fatalement amenés à supposer que nos congénères, auxquels nous ressemblons objectivement, nous ressemblent subjectivement, c'est-à-dire que chacun d'eux est conscient comme nous-mêmes, et entend la phrase que nous entendons, quand cette phrase pénètre en eux comme elle pénètre en nous.

Je ne saurais trop le répéter, il y a là une part d'hypothèse que nous ne pourrons jamais vérifier directement, à savoir que la similitude entre nos congénères et nous est absolue. Chacun de nous a scientifiquement le droit de supposer que, seul au monde, il est doué de conscience, et que tous les autres animaux ne sentent pas et ne connaissent pas. Pour mon compte, je ne suis pas tenté de pousser l'orgueil aussi loin, et j'aime mieux croire que mes semblables sont conscients comme moi. Je suis même arrivé à considérer les éveils de conscience comme accompagnant fatalement certaines manifestations vitales chez tous les êtres vivants, quels qu'ils soient. J'ai longuement étudié ailleurs[1] ce que nous pouvons savoir des rapports entre les phénomènes vitaux objectifs et les épiphénomènes subjectifs de conscience, et je n'en veux rappeler ici que ce qui est nécessaire à mon objet. Cela se résume dans le théorème suivant, qui est fondamental.

THÉORÈME IX

Toute contrainte qui a pour effet de modifier la vitesse ou la tendance[2] d'un phénomène vital s'accompagne d'un éveil de conscience qui traduit fidèlement la variation objective correspondante. Quand la modification adaptative s'est produite de manière à faire disparaître la gêne résultant de la contrainte, l'éveil de conscience disparaît; si la gêne diminue sans disparaître, l'éveil de conscience perd seulement de son intensité.

C'est la vérité que l'on exprime souvent d'une manière moins précise, en disant que : *l'habitude*

---

1. *Science et Conscience, op. cit.*, ch. II et III.
2. V. plus haut, p. 171, la définition de la vitesse vitale et de la direction vitale.

fait passer du conscient dans l'inconscient. Chacun de nous a pu constater par lui-même le bien-fondé de cette proposition générale. Je renvoie à mon ouvrage *Science et Conscience* pour ma démonstration détaillée et pour l'exposé de la théorie de la conscience épiphénomène. Je veux seulement faire remarquer ici, que ce nouveau théorème ajoute encore à l'importance qu'il faut attribuer à la contrainte dans l'histoire des phénomènes vitaux; en même temps, nous sommes conduits à considérer que les mots *gêne* et *contrainte*, empruntés à notre langage subjectif, éveillent une image justifiée quand nous les appliquons à la narration de l'adaptation d'un être vivant quelconque à des conditions nouvelles d'existence. Nous devons penser que toute cause capable de s'opposer à la vitesse ou à la tendance vitale d'un individu détermine, dans la subjectivité de cet être vivant, une sensation de gêne que nous pouvons comparer à notre sensation d'effort. L'ensemble de ces remarques donne à nos considérations de biologie tant objective que subjective, une unité très impressionnante. Cette unité va plus loin encore, si nous voulons bien remarquer l'identité du théorème de l'adaptation à la contrainte et de la loi de Lenz qui régit les phénomènes d'induction électrique. Le courant d'induction, qui se produit seulement dans les cas que l'on sait, et qui disparait dès que le régime d'État est obtenu, nous aména-

rait, avec un peu d'audace, à comparer les éveils
de conscience aux phénomènes d'induction électrique; et cela suggère, relativement à la subjectivité dans la matière, des hypothèses d'une réelle
grandeur; ces hypothèses sont comprises, pour
celui qui sait lire entre les lignes, dans notre formule concise : *la nature a horreur de la contrain'* .

IMITATION AVEC TRADUCTION

La digression des paragraphes précédents était
nécessaire pour justifier l'emploi que nous ferons
désormais du langage subjectif dans les cas où il
s'agit de particularités que nous ne savons pas
connaître objectivement dans le détail; nous saurons que le langage subjectif est la traduction
fidèle du langage objectif, sauf dans les cas où il
s'agit de phénomènes *adaptés*, auxquels cas le
langage objectif seul peut s'employer, puisque le
langage subjectif est muet. En particulier, nous
ne pourrons nous empêcher de recourir au langage
subjectif, toutes les fois qu'il s'agira d'images
venues de l'extérieur par nos organes des sens, et
qui se promènent en nous; c'est seulement, en
effet, par notre mode subjectif de connaissance
que nous pourrons constater la fidélité avec laquelle
ces images traduisent les rythmes extérieurs dont
elles proviennent. Nous mélangerons donc, désor-

mais, dans ces conditions bien déterminées, le langage subjectif et le langage objectif, sans qu'on puisse nous reprocher de ce fait une erreur quelconque de méthode.

Nous avons déjà, au chapitre II, et peut-être un peu prématurément, proposé d'employer le même langage pour raconter la lutte d'un organisme vivant contre un rythme extérieur ou contre un colloïde déterminé. (V. plus haut, théorème II, pp. 70 et sq.) Ce que nous avons constaté tout à l'heure au sujet de la continuité nerveuse établie dans un animal supérieur et de la légitimité de la comparaison de cet animal avec un protozoaire, tant au point de vue de la continuité protoplasmique qu'au point de vue de la réalisation effective d'un individu-mécanisme, nous amène à revenir sur la comparaison précédemment faite, pour en montrer, en même temps, et la légitimité et la fécondité.

Les images de première et de seconde espèce pénètrent, en effet, directement, dans la continuité nerveuse d'un homme, comme une radiation ou un colloïde pénètre dans la continuité protoplasmique d'un protozoaire; une image de première ou de seconde espèce, traduction fidèle de phénomènes rythmiques extérieurs, est donc l'image de la lutte établie entre ces rythmes extérieurs et le rythme individuel d'ensemble qui caractérise le patrimoine individuel de l'animal. Le phénomène, lutte de rythmes, est exactement le même que dans l'expérience de Bordet; le résultat est aussi le même quand l'animal continue de vivre : 1° en vertu du théorème I, l'animal reste semblable à lui-même; 2° en vertu du théorème II, il reçoit une empreinte fidèle des rythmes contre lesquels il a lutté.

De la fidélité de l'empreinte nous sommes parfaitement certains, puisque nous connaissons dans ses moindres détails la mélodie qui frappe nos oreilles; la comparaison avec le cas des colloïdes injectés nous permet de nous rendre compte de la nature de cette empreinte.

Nous avons déjà fait cette comparaison p. 79. Elle se résume à ceci :

Quand un cheval lutte victorieusement contre la toxine diphtérique injectée, il détruit cette toxine en produisant un rythme complémentaire, qui désarme le rythme de la toxine en se superposant exactement à lui. Quand un homme lutte victorieusement contre une image de première ou de seconde espèce, il détruit cette image en produisant une image complémentaire qui annule la première en se superposant exactement à elle. De même, avons-nous dit, le moule en creux est le complément, mais aussi la traduction fidèle de la statue en relief.

Ceci nous donne une idée toute nouvelle de la manière dont nous recevons une image de l'extérieur; on avait cru que nous la subissions passivement; cela serait contraire à la nature même de la vie; nous luttons victorieusement contre elle et notre lutte en réalise une traduction fidèle, mais *complémentaire*.

Le cheval qui a digéré longtemps la toxine diphtérique a construit un organe durable, qui, même ensuite, en l'absence de toxine ennemie, fabrique encore le sérum antitoxique. De même l'homme qui a entendu souvent une mélodie ou regardé longtemps un objet, et qui n'aurait reçu qu'une image fugitive de cette mélodie ou de cet objet, s'il n'avait été soumis que peu de temps à leur influence ennemie, conserve, après avoir été longuement en lutte avec eux, un souvenir durable des facteurs rythmiques extérieurs. Comment pouvons-nous imaginer la conservation des souvenirs dans l'individu très complexe qu'est l'homme? Évidemment, le phénomène doit être différent de ce qu'il est dans le protoplasma continu d'un être unicellulaire, à cause de la limitation des chemins possibles dans la continuité nerveuse des êtres supérieurs. Il est vraisemblable que la disposition relative des chevelures des neurones voisins se modifie sans cesse par assimilation fonctionnelle, et qu'il y a ainsi, à chaque instant, création de chemins de moindre résistance plus ou moins durables. Et c'est sans doute dans ces chemins de transmission, en même temps que dans le corps même des neurones, que se fixent les souvenirs des événements avec lesquels l'animal a été en lutte. L'accumulation des neurones dans un cerveau humain est si considérable, et la complexité des chevelures de neurones si prodigieuse, que le nombre des combinaisons qui peuvent se fixer dans notre souvenir par les moyens précédemment signalés paraît devoir être à peu près illimité.

Nous avons signalé les ressemblances entre le souvenir humain et le souvenir cellulaire; il faut maintenant indiquer les différences; elles ne sont pas moins importantes :

D'abord, lorsqu'un souvenir correspond, non plus à une modification protoplasmique intracellulaire, mais à un établissement de chemins de moindre résistance entre plusieurs neurones, la différence de dimension entre l'échelle à laquelle se produit l'architecture de ce souvenir et l'échelle protoplasmique ou colloïde nous amène à penser que cette architecture n'a pas de retentissement direct sur le milieu intérieur qui baigne les neurones, et que le reflet du souvenir d'ordre supérieur ne se manifeste pas dans le sérum, comme se manifeste dans le sérum des chevaux de l'Institut Pasteur le souvenir cellulaire de la toxine diphtérique.

Ensuite, si une partie des souvenirs supérieurs résulte des relations de contiguïté établies entre neurones voisins, on doit supposer que les variations auxquelles sont dus ces souvenirs ne retentissent pas sur l'ensemble des cellules de l'organisme, autrement dit, que les cellules somatiques ne sont pas influencées par le fait qu'une disposition nouvelle a apparu dans les relations de voisinage des chevelures nerveuses. En d'autres termes encore, un souvenir correspondant à un chemin tracé dans un ensemble de neurones, serait un *caractère local*, un de ces caractères dont nous avons précédemment montré l'impossibilité dans un individu-mécanisme.

Pourquoi cette hypothèse qui contredit nos lois générales? Cette hypothèse est nécessitée par le fait que, au cours des expériences de mérotomie relatées plus haut, les neurones n'ont pas paru se comporter comme des rouages inséparables de la coordination d'ensemble. Ils jouent, quand ils sont présents, un rôle primordial dans la réalisation de cette coordination générale, mais, si l'un des neurones se trouve accidentellement détruit, la coordination générale est changée *et reste changée*, le neurone détruit n'étant jamais régénéré. Cette remarque justifie le langage dans lequel nous avons parlé des neurones comme de parasites du soma. Le soma, formé des cellules autres que les neurones, vérifie absolument le théorème morphobiologique et sa réciproque; aucune variation locale n'y est possible qui ne devienne générale par retentissement sur l'unité totale de l'individu. Au cours de son développement, ce soma produit des neurones, placés d'une manière parfaitement déterminée par rapport à l'ensemble du soma, mais dont chacun paraît avoir désormais une existence indépendante, sauf en ce qui concerne les quelques éléments somatiques avec lesquels il se met en relation de continuité par ses prolongements cylindraxiles. Si l'on détruit un neurone, il ne se régénère pas; il n'est donc pas une condition indispensable de l'équilibre somatique, sur lequel sa disparition ne retentit pas au point de nécessiter sa régénération. Mais alors, les relations entre chevelures de neurone à neurone sont également indifférentes à l'ensemble du soma, et, par conséquent, les souvenirs qui dépendent de ces relations méritent le nom de caractères locaux, quoiqu'ils soient susceptibles de jouer, dans le fonctionnement du mécanisme d'ensemble, un rôle extrêmement important. Un neurone joue un rôle dans le mécanisme d'ensemble en intervenant dans le sort du groupe d'éléments somatiques qu'il innerve, groupe d'éléments somatiques qui fait partie de l'individu-mécanisme soumis au théorème morpho-biologique. Mais la réciproque n'est pas vraie. *Et c'est pour cela que les animaux supérieurs peuvent acquérir des souvenirs personnels qui ne sont pas héréditaires.* La plupart des choses que nous apprenons nous sont personnelles et ne se transmettent pas à nos enfants comme des caractères acquis. Notre expérience est individuelle et ne peut se transmettre que par tradition, pas par hérédité.

Il y a pourtant quelque chose de remarquable dans le fait que le soma, au cours de son développement embryologique, construit ses centres nerveux exactement et toujours aux mêmes endroits, et que chaque neurone innerve toujours le même groupe d'éléments somatiques. C'est là un fait de coordination transmis par l'hérédité, et qui prouve que l'indépendance apparente des groupes de neurones, par rapport au soma, n'a pas toujours été aussi considérable qu'elle nous paraît être aujourd'hui; peut-être aussi attribuons-nous trop d'importance au fait que les neurones ne se régénèrent pas après destruction.

Quoi qu'il en soit, il y a aujourd'hui, tant dans la distribution congénitale des neurones que dans les relations établies entre chaque neurone et les éléments somatiques qu'il innerve, des particularités très précises, appartenant à tous les individus d'une espèce et apparaissant chez eux sous la direction de la seule hérédité; ces caractères héréditaires de structure sont ce que nous appelons les *instincts* spécifiques; nous sommes bien certains qu'ils ont été acquis autrefois par des fonctionnements prolongés, sous l'influence de certaines contraintes également prolongées. En particulier, ce qu'il y a eu de commun dans toutes les contraintes réalisées par le milieu, ce que l'on peut appeler l'ensemble des lois naturelles du milieu, a laissé une trace indélébile dans notre structure héréditaire; c'est cette trace indélébile, instinct par excellence, ou, si l'on préfère, ensemble de tous les instincts, que nous appelons notre logique et qui nous permet de faire aujourd'hui de la géométrie et de la physique mathématique, en nous servant de l'expérience acquise par nos ancêtres. S'il était démontré que notre expérience individuelle reste désormais toujours un caractère local et ne peut plus devenir héréditaire (conclusion peut-être un peu rapide de la non régénération des neurones), cela serait une nouvelle preuve en faveur de cette idée que l'évolution spécifique devient de plus en plus difficile à mesure que les espèces vieillissent. J'ai soutenu cette opinion ailleurs[1], la basant sur des considérations toutes différentes. Un grand nombre d'autres faits sont venus depuis, dans des cantons très divers des sciences naturelles, corroborer cette manière de voir.

Aujourd'hui donc, notre intelligence (relations variables et non adultes de notre système nerveux) pourrait toujours acquérir de l'expérience par le contact direct des événements extérieurs, et grâce aux instincts acquis jadis par nos ancêtres (par-

---

1. *La Stabilité de la Vie.*

ties fixes et héréditaires de notre structure nerveuse et somatique); mais, si l'hypothèse de l'alinéa précédent est justifiée, cette expérience resterait personnelle et ne pourrait plus être transmise que par tradition.

Cette idée d'un arrêt possible dans des évolutions spécifiques qui auraient été bien plus rapides au début de l'histoire de la vie a paru choquante et inadmissible à beaucoup de gens. Je ne vois pas en quoi elle serait inacceptable. En particulier, la connaissance intime des lois naturelles avec lesquelles la vie est en contact depuis des milliers de siècles, pourrait être parfaite et définitive (logique) sans que cela eût rien d'étonnant. Je ne vois pas pourquoi l'adaptation, cette propriété merveilleuse de la vie, ne pourrait jamais produire que du provisoire, jamais du définitif, alors qu'il y a dans le monde ambiant des éléments immuables, qui sont les lois naturelles, et qui ont toujours fait partie des ensembles de facteurs contre lesquels nos ancêtres ont lutté. Ce sont là des conclusions que l'on acceptera ou que l'on repoussera pour des raisons de sentiment; je me contente de les avoir livrées aux réflexions du lecteur.

VIE ABSOLUE ET VIE INTELLECTUELLE

Qu'elle soit ou non susceptible encore aujourd'hui et dans certaines conditions d'une transmission héréditaire, notre expérience individuelle est le résultat de la construction dans notre organisme de particularités structurales plus ou moins durables, qui représentent le souvenir des événements extérieurs avec lesquels nous avons été en relation, notamment par l'intermédiaire de nos organes des sens. Cette expérience individuelle est donc représentée matériellement dans la structure actuelle de nos centres nerveux. Quand un nouvel événement se fait connaître à nous par nos surfaces sensorielles, les influx qui en proviennent suivent, dans nos centres nerveux, des chemins qui dépendent de la structure de ces centres, et en particulier, par conséquent, de l'expérience précédemment acquise par nous et qui y est inscrite. Nous sommes au courant des chemins parcourus par ces influx ; quand ils empruntent un chemin tracé par un événement antérieur, ils en éveillent le souvenir [1] ; nous appelons association d'idées la succession des faits de conscience qui accompagnent la marche de l'influx nerveux dans notre cerveau, jusqu'au point où ils sortent du cerveau et vont mettre en branle des éléments somatiques (détermination, exécution). Le résultat de cette volition, marche des influx nerveux depuis le point d'entrée jusqu'à l'exécution, est un *acte* de notre existence. Par suite de l'adaptation séculaire de

1. En renouvelant l'attitude défensive adoptée précédemment

laquelle nous provenons, il se trouve que ces actes sont ordinairement utiles à la conservation de notre vie, et cela a même amené certains philosophes à des conclusions finalistes qu'une connaissance plus approfondie du transformisme eût fait écarter. Nous nous servons donc de notre expérience individuelle ou ancestrale, et c'est ce qui a fourni à Romanes la définition de l'intelligence. Notre expérience nous est utile. cela est évident ; il est bien facile de comprendre aussi que notre intelligence, se servant de notre expérience pour nous faire fuir des dangers, par exemple, supprime dans beaucoup de cas pour nous le besoin d'adaptation. Il y a telles circonstances, auxquelles nous n'aurions pu nous adapter sans subir une transformation profonde (incompatible peut-être avec notre viabilité), et que nous nous contentons d'éviter en profitant de notre expérience individuelle. Si donc il était établi que notre expérience individuelle ne devient plus désormais héréditaire, le fait d'avoir un système nerveux complexe nous permettant d'accumuler beaucoup d'expérience et d'en tirer parti suffirait à expliquer que notre espèce n'évolue plus. Peut-être même avons-nous perdu, par désuétude, certains caractères que nous avions acquis jadis par une lutte soutenue contre les éléments ; nous avons perdu ces caractères utiles, parce que notre intelligence nous a permis de refuser le combat qui entretenait notre virilité.

Ainsi, notre habitude de la résistance au froid et aux intempéries a disparu parce que nous avons appris à faire des vêtements chauds et des maisons confortables. Ce progrès dans le bien-être a donc été accompagné d'une diminution évidente de notre valeur individuelle ; nous étions des vainqueurs, nous sommes aujourd'hui des dégénérés habiles qui évitent le combat.

Cette simple remarque nous conduit à une constatation générale qui ne manque pas d'intérêt philosophique.

Nous avons dit plus haut que l'on pourrait définir *vie absolue* le phénomène présenté par un corps vivant théorique qui réaliserait la conquête d'un espace sans cesse croissant, sans redouter aucune contingence et se plier à aucune contrainte. La vie absolue n'existe jamais ou presque jamais, mais, à chaque instant de notre vie (voir plus haut, p. 178), nous avons une vitesse vitale dans un certain sens, une tendance vitale dont la réalisation se rapprocherait de l'idéal « vie absolue ». Tout ce qui lutte contre cette tendance actuelle de l'être conquérant, toute contrainte qui change notre direction vitale et nous impose un compromis avec les influences extérieures, *nous écarte donc de la vie absolue.* Or, ce sont ces contraintes, ce sont les victoires réalisées par le milieu sur le vivant, en vertu du théorème II, qui nous fournissent les éléments de notre expérience et, par conséquent, de notre vie intellectuelle. Notre expérience et notre intelligence résultent de *défaites* partielles, et, si elles nous permettent de continuer à vivre, ce n'est pas toujours en affrontant le danger, mais quelquefois en évitant le combat. Le bouillant Achille est plus près de la vie absolue que l'industrieux Ulysse. Le champignon, sur son fumier, est plus près de la vie absolue que l'animal supérieur doué d'organes des sens qui lui imposent sans cesse l'image du milieu. Le fakir, qui a les yeux fermés et les oreilles bouchées avec de la cire, vit plus que l'homme actif et éveillé[1]. Nous vivons plus quand nous dormons que quand nous sommes éveillés.

Il ne faudrait pas croire pour cela que la vie intellectuelle n'est pas la vie au sens physiologique. Certains philosophes ont mis en opposition la vie intellectuelle et la vie végétative. Ces deux phénomènes sont comparables ; dans l'un et dans l'autre, il y a une part de victoire et une part de défaite, une part d'assimilation et une part d'imitation. Mais l'ensemble de l'un et de l'autre phéno-

1. Cette manière de parler ne manquera pas de paraître singulière à beaucoup, quoiqu'elle provienne de raisonnements vraiment logiques. Mais nous avons l'habitude invétérée de dire tout le contraire. J'ai écrit moi-même ailleurs que le fakir « n'est presque plus vivant ». En réalité, il est vivant *au même titre* que tous les animaux ; mais s'il est plus près de la vie absolue, sa vie individuelle nous paraît diminuée quand nous la comparons à la nôtre.

mène se ramène néanmoins à une formule unique, celle de l'*assimilation fonctionnelle*.

Nous avons seulement le droit de dire que l'assimilation fonctionnelle est plus près de la vie absolue quand elle est plus près de l'assimilation absolue, c'est-à-dire quand elle se manifeste chez un animal qui est plus près d'être adapté aux conditions de son milieu. Si même on réalise pour un microbe un milieu vraiment constant, et auquel il est vraiment adapté, ce microbe *connaît* à peu près les douceurs de la vie absolue, de la conquête paisible. J'ai dit qu'il en *connaît* les douceurs, et c'est là une expression imagée; mais en est-il conscient? Je crains que non! Reportez-vous à l'énoncé du théorème IX; c'est la contrainte qui éveille la conscience en modifiant la tendance vitale et préparant l'adaptation. A mesure que l'adaptation se réalise, la contrainte diminue et aussi l'éveil de conscience; quand l'adaptation est définitive, quand la contrainte est nulle, la vie absolue se poursuit *inconsciente*. Le plus grand triomphe de l'être vivant est ignoré de lui; la victoire n'est pas le bonheur, c'est l'inconscience fatale. La conscience n'est éveillée que par la lutte. Comme nous ne pouvons pas imaginer qu'un être soit heureux sans qu'il ait conscience de son bonheur, nous ne pouvons pas croire au bonheur dans le triomphe; il faut toujours une lutte à soutenir, un obstacle à vaincre; sans quoi, c'est l'inconscience, voire l'en-

nui qui y ressemble peut-être. Pour avoir un sentiment de bien-être, d'*euphorie*, comme disent les
médecins modernes, il ne faut pas une paresse
totale avec victoire assurée; il faut une certaine
dose de contrainte nécessitant une certaine dose
d'effort conscient. Suivant que nous sommes plus
ou moins virils, plus ou moins paresseux et indo-
lents, notre euphorie est plus voisine de la grande
lutte ou du grand repos; quelques-uns trouvent
leur joie dans une activité excessive, dans un
effort soutenu; d'autres aiment mieux un minimum
de lutte; nul ne peut être heureux s'il ne rencontre pas dans le milieu au moins un ennemi de
sa vie absolue.

CHAPITRE VI

L'Individu contre l'Individu, la Symbiose, l'Amour.

MALADIE AIGUE ET SYMBIOSE

Nous avons étudié, au chapitre II, la lutte de l'individu contre le monde entier, et nous avons conclu que, à un certain point de vue, l'individu, qui résiste au monde entier, vaut le monde entier. Cela est certain du moins au point de vue de l'individu lui-même; dans sa conscience personnelle, chacun de nous divise fatalement l'Univers en deux parties absolument distinctes et d'intérêts opposés : *moi* et *le reste.*

Le reste, cela comprend tous les conquérants d'espace quels qu'ils soient, pour lesquels l'espace occupé par notre corps est une conquête possible. Or, parmi ces conquérants d'espace, il y a d'autres êtres vivants; il y a en particulier nos congénères, qui, semblables à nous quant à la structure au mécanisme et à la puissance, devraient être considérés par un observateur impartial comme étan chacun pour son compte, l'équivalent de l'individu de même espèce que nous sommes nous-même. Et cependant, dans notre for intérieur, nous nous considérons fatalement comme équivalant au monde entier contre lequel nous défendons victorieusement l'espace occupé par notre corps. Moi, homme, je résiste, puisque je vis, à un univers dans lequel il y a, outre bien autre chose, dix-huit cents millions d'hommes semblables à moi. C'est que les autres hommes ne sont pas ordinairement en lutte directe avec moi pour l'espace que j'occupe au soleil ; il est bien évident que, si tous mes congénères me disaient à la fois : « Ote-toi de là que je m'y mette », je n'aurais pas la prétention de résister.

Un individu ne conquiert pas l'espace comme le fait un rayon lumineux ; notre conquête d'espace est lente depuis notre naissance jusqu'à notre état adulte ; elle est d'ailleurs limitée à l'âge adulte, à partir duquel nous ne faisons plus que défendre les positions acquises sans en acquérir de nouvelles.

Nous avons vu précédemment qu'il convient de distinguer la conquête totale de la conquête partielle ; du moins cela est-il vrai des individus formés de protoplasma nu, et vivant dans un milieu liquide avec lequel ils sont en continuité aqueuse. Une cellule de levure de bière ne conquiert effectivement que les espaces auxquels elle impose la structure « levure de bière ». Et cependant, quand une cellule de levure de bière a végété au fond d'une tonne de moût, alors qu'elle a seulement conquis effectivement quelques centimètres cubes auxquels elle a imposé la structure « levure de bière », elle a, en outre, conquis partiellement tout le contenu de la tonne, dont elle a transformé le contenu en bière.

Nous aurons à voir tout à l'heure si un phénomène analogue à ce rayonnement diastasique peut se rencontrer dans l'histoire des animaux supérieurs qui, comme l'homme, sont entourés d'un sac de cuir imperméable. Pour le moment, restreignons-nous à l'observation des êtres protoplasmiques vivant au sein d'un même liquide.

Si deux de ces êtres, appartenant à des espèces différentes, se trouvent en même temps dans une masse liquide de petites dimensions, ils sont par là même fatalement en lutte l'un avec l'autre. Cette lutte se comprend immédiatement quand on traduit l'expression « rayonnement diastasique » par son équivalent « assimilation physique ». Le rayonnement diastasique est en effet comparable à la conquête de l'air d'une chambre par un diapason qui vibre en un point de cette chambre; c'est une mise à l'unisson, une assimilation physique. Si donc deux individus d'espèce différente, m et n, vivent en même temps en deux points différents d'une goutte de liquide, le rayonnement diastasique de l'individu *m* tendra à réaliser une mise à l'unisson du milieu avec *m*; le rayonnement de *n* tendra à réaliser un unisson avec *n*. Il se peut qu'il y ait antipathie entre ces deux tendances différentes. L'individu *m*, qui se trouve à l'aise dans un milieu assimilé physiquement par son rayonnement diastasique, se trouvera *gêné* dans un milieu assimilé physiquement par un individu *n* d'espèce différente. Bien plus, il devra lutter contre le rayonnement de *n* pour n'être pas *digéré* par lui. Et, par conséquent, les deux êtres *m* et *n*, quoique n'étant pas au contact l'un de l'autre, seront cependant en lutte l'un avec l'autre.

La comparaison que nous venons de faire du rayonnement diastasique spécifique avec une résonance de diapason, va nous fournir un langage évocateur qui ne sera pas inutile dans la suite. Nous dirons que *m* est en lutte, non pas directement avec *n* puisqu'il n'y a pas corps à corps, mais avec l'*image* de *n*.

S'il s'agit de protozoaires et de protophytes qui vivent ensemble dans l'eau d'un même bocal et qui ne se mangent pas les uns les autres, le résultat de cette lutte par images se traduit par le phénomène de la succession des flores et des faunes. Certaines espèces disparaissent et font place à d'autres qui ont eu l'avantage dans la lutte. Le cas est beaucoup plus intéressant pour nous, s'il s'agit de microbes animaux ou végétaux ayant pénétré dans le milieu intérieur d'un être supérieur, l'homme ou un mammifère, par exemple. Alors, le milieu limité dont il s'agissait dans les phrases précédentes est le milieu intérieur de l'animal. Ce milieu intérieur est à l'unisson avec tous les éléments vivants de l'animal, éléments vivants qui, ayant même patrimoine individuel, sont eux-mêmes rigoureusement à l'unisson les uns avec les autres, ce qui leur permet de cohabiter sans aucune gêne dans le même milieu. Une fois en train, la conservation de la vie d'un animal supérieur est même tellement liée à la conservation de la composition de son milieu intérieur que l'on peut définir la vie : l'ensemble des activités qui ont pour résultat le maintien de cette constance de composition (alimentation, excrétion, circulation)[1]. Quand un microbe étranger est introduit dans ce milieu, ce microbe, s'il ne meurt pas immédiatement, en entreprend aussitôt l'assimilation physique. Sauf dans des cas absolument extraordinaires et où les deux espèces différentes se trouveraient, d'avance, à l'unisson l'une avec l'autre, il y a donc lutte entre l'animal et le microbe.

C'est le début d'une maladie.

Le résultat de cette maladie est quelquefois le triomphe définitif d'un des ennemis : défaite du

1. V. *Traité de Biologie.*

mammifère qui meurt envahi par des milliers de microbes vainqueurs et empoisonné par leur rayonnement diastasique, ou, au contraire, défaite des microbes qui, après avoir lutté plus ou moins longtemps (durée de la maladie) pour la conquête du milieu intérieur, se trouvent digérés par le rayonnement diastasique de l'animal, et disparaissent en totalité. Dans l'un quelconque de ces deux cas, on dit qu'il y a eu *maladie aiguë;* celui des antagonistes qui a triomphé n'a cependant pas triomphé absolument, nous le savons; il garde, en vertu du théorème II, la trace de l'ennemi contre lequel il a combattu (immunité de l'animal guéri ; augmentation de virulence du microbe qui a tué son hôte).

Quelquefois, personne ne triomphe; les deux ennemis, après avoir lutté quelque temps, s'adaptent l'un à l'autre; ils subissent l'un et l'autre une transformation suivant le théorème II. A partir du moment où ce résultat est obtenu, il n'y a plus de gêne réciproque, plus de lutte. Le milieu intérieur a changé; ce n'est plus le milieu intérieur normal de l'espèce à laquelle appartenait l'individu; ce n'est plus, non plus, le milieu tel que l'aurait préparé le microbe normal de l'espèce injectée; c'est un milieu nouveau, qui est à l'unisson à la fois avec l'animal transformé et avec le microbe transformé. On dit, dans ce cas, qu'il y a *maladie chronique* ou *symbiose.*

Pendant qu'il est en état de maladie chronique, l'animal a donc un caractère nouveau, différent de ceux qui sont ordinaires à son espèce; mais ce caractère n'est pas, à vrai dire, un caractère acquis, lorsqu'il ne se conserve pas en dehors de la présence du microbe qui en a été la cause efficiente. Cependant, certaines diathèses ont pu paraître héréditaires, comme les diathèses pigmentaires que l'on étudie sous le nom de caractères mendéliens[1], mais alors, c'est que le microbe symbiotique, très petit, passe dans les éléments reproducteurs et infecte les descendants; il y a alors, non pas transmission d'un caractère acquis, mais bien infection héréditaire. Si le microbe manque par hasard, il y a albinisme.

Dans les cas que nous venons d'étudier, on pourrait dire, à la rigueur, qu'il y a corps à corps entre les combattants. En réalité il n'en est rien, du moins quand le microbe, injecté dans le corps de l'animal, se développe dans son milieu intérieur et non dans le protoplasma même de ses cellules. Quelquefois, la lutte est plus directe; le microbe pénètre dans l'intérieur même du protoplasma. Alors, la lutte est circonscrite entre le microbe et la cellule dans laquelle il a pénétré; les autres cellules du corps ne reçoivent que secondairement l'influence maligne de l'élément pathogène. Eh

1. V. *la Crise du Transformisme.*

bien ! même dans le cas où le microbe a pénétré dans le protoplasma d'une cellule, la lutte, pour être aussi directe qu'il est possible, n'en est pas moins toujours une lutte d'images ; les corps étant impénétrables, le protoplasma du microbe ne peut pas être là où est le protoplasma de la cellule hôte. L'hôte entoure le microbe comme le département de Seine-et-Oise entoure celui de la Seine ; tout le rayonnement diastasique du microbe traverse le protoplasma hôte, d'autre part, le protoplasma du microbe est pénétré de toutes parts par le rayonnement diastasique du protoplasma qui l'entoure. Mais, néanmoins, nous ne voyons jamais, en aucun point, la lutte protoplasma contre protoplasma ; nous voyons seulement la lutte du protoplasma de l'un des êtres contre l'image, contre le rayonnement diastasique de l'autre être, englobant ou englobé. La lutte la plus directe est donc toujours une lutte contre une image.

Les êtres qui vivent dans un milieu limité ont, outre les luttes directes que nous venons de passer en revue, des luttes indirectes, pour la nourriture, par exemple. J'ai étudié ailleurs[1] ces luttes économiques, qui jouent un rôle primordial dans l'histoire des sociétés ; je veux me borner ici à l'étude de luttes plus directes, auxquelles nous sommes conduits par le langage évocateur des pages précé-

____

1. V. *l'Égoïsme, seule base des sociétés.*

dentes; nous avons parlé de lutte par l'image en comparant aux résonances sonores ou lumineuses les rayonnements protoplasmiques des cellules nues; nous allons étudier maintenant des luttes par l'image, dans lesquelles le mot image aura une signification plus voisine de celle qu'on lui donne d'ordinaire dans le langage courant.

LA CONQUÊTE PAR L'IMAGE

J'ai sous les yeux, au-dessus de ma table de travail, la photographie d'un être chéri mort depuis plusieurs années. Cette photographie est la reproduction, en positif, d'un cliché négatif obtenu directement par l'action de l'image lumineuse émanée d'un homme vers l'appareil photographique. Eh bien, cette image, qui s'est fixée victorieusement sur le cliché, s'est, victorieusement aussi, implantée en moi, puisque, plus de quatre ans après sa mort, l'image de mon père est toujours très vivante dans mon souvenir. L'image que je trouve dans ma mémoire est même infiniment plus parfaite, infiniment plus complète surtout que celle de la photographie accrochée à mon mur. Cette image imprimée en moi est, en effet, la synthèse d'un très grand nombre de particularités personnelles au disparu, tandis que la photographie ne reproduit qu'une seule de ces particularités, la forme visuelle observée du point où était placé l'œil de l'appareil photographique. Si nous acceptons d'employer le mot *forme* dans le sens très général que nous avons défini plus haut (v. p. 122), nous devrons donc dire qu'une photographie ne représente que l'une des formes d'un être, tandis que le souvenir que nous en conservons quand nous avons longtemps vécu dans son intimité est composé de toutes les *formes connaissables* de cet être.

L'animal supérieur, avons-nous dit, enfermé dans le sac de cuir de sa peau, n'émet pas, dans le milieu où il vit, un rayonnement diastasique analogue à celui dont une cellule de bière encombre la totalité du moût qui l'entoure. C'est seulement dans son milieu intérieur qu'il rayonne ses diastases personnelles; c'est donc seulement ce milieu intérieur qu'il arrive à conquérir physiquement, au sens où nous avons entendu ce mot. Les physiciens de Nancy avaient cru que les hommes rayonnent dans l'espace qui les entoure une radiation personnelle, les rayons N, que l'on pourrait reconnaître au moyen de certains récepteurs physiques; il n'en est rien, ou du moins, si ces radiations existent, les récepteurs physiques en question sont impuissants à les déceler.

Cependant, il y a bien des moyens pour nous, observateurs, de reconnaître de loin un être supérieur donné, et de le reconnaître avec une précision telle que nous soyons à peu près sûrs de ne pas nous tromper. C'est donc que quelque chose de personnel à cet être frappe nos organes des sens ; nous pouvons reconnaître un être au moyen de nos yeux, au moyen de nos oreilles, au moyen de notre toucher, au moyen de notre odorat.

J'ai placé l'odorat en dernier lieu, parce que, chez nous, hommes, le sens olfactif n'est pas très développé. Il l'est infiniment plus chez le chien qui reconnaît son maître à travers une porte, ou qui découvre, en humant l'air, une compagnie de perdrix cachée dans un sillon. Nous ne sommes pas bien renseignés, dans l'état actuel de la science, sur la nature du phénomène olfactif ; le fait qu'un chien reconnaît son maître à sa seule odeur, et le distingue, par cette odeur, de tous les autres hommes, prouve que l'émanation odorante de l'individu est une image fidèle et complète de cet individu. Malheureusement, les hommes, s'ils émettent une odeur personnelle caractéristique, sont très mal doués pour analyser l'odeur des autres, et c'est sans doute pour cela que les savants se sont si peu occupés d'étudier l'émanation odorante ; nous en connaissons si peu de chose que l'on a pu se demander quelquefois, avec une apparence de raison, si cette émanation est d'ordre physique ou d'ordre chimique. Cette émanation existe, et l'analyse qu'en font les chiens nous prouve qu'elle est une image très précise de l'individu qui l'émet ; voilà tout ce que nous pouvons affirmer.

La forme que nous étudions avec nos yeux est bien plus importante pour nous; les documents que nous recevons par nos yeux sont tellement importants et tellement précis que nous avons une tendance naturelle à essayer d'y ramener tous les autres. J'ai fait remarquer ailleurs[1] que le but ordinaire de la science physique est de ramener à des mesures faites par les yeux l'étude de phénomènes dont la connaissance directe nous vient cependant par d'autres organes, par l'ouïe ou par le sens des températures, pour ne citer que les deux principales. Nous attachons même une telle importance à la forme visuelle des choses qu'il est bien entendu, lorsque nous employons le mot forme tout court, qu'il s'agit uniquement de la forme visuelle des objets. Bien des gens se mettent à rire quand on leur parle d'une forme auditive ou d'une forme olfactive, et cependant ces expressions sont bien justifiées, du moment que l'on définit *forme d'un objet* l'ensemble des caractères auxquels on le reconnaît.

La forme visuelle est multiple; elle comprend des images de première espèce (voir plus haut, p. 233), qui sont les impressions colorées; elle comprend des images de deuxième espèce, qui sont les formes géométriques; enfin, elle comprend aussi, à la fois dans l'espace et dans le temps, la

1. V. *les Lois naturelles, op. cit.*

notion des déformations que subissent dans le temps les formes géométriques de l'individu. Cette troisième notion, que l'on pourrait appeler image de troisième espèce, comprend, d'une part, les vitesses de déformation du corps géométrique observé; d'autre part, les tendances de ces déformations, les formes de ces déformations, si j'ose m'exprimer ainsi. Ces images de troisième espèce constituent ce que nous appelons *les gestes* des individus observés. Il suffit quelquefois de l'amorce d'un mouvement du corps d'un homme pour que nous le reconnaissions; on pourrait presque dire que le geste correspond à ce qu'un mathématicien nommerait, dans un langage imagé, la dérivée de la forme par rapport au temps.

Nous connaissons par nos yeux la forme, la couleur et le geste[1]; ces trois éléments constituent une image extrêmement précise, tellement précise qu'il nous est bien difficile de nous tromper quand nous voyons un de nos amis se livrer à des mouvements habituels : il ne nous arrive presque jamais de le prendre pour un autre homme.

L'émanation odorante s'échappe de l'individu sans qu'il le veuille; l'émanation lumineuse est encore plus indépendante de l'activité de l'être, puisque, en quelque manière, elle est purement extérieure à l'être; la lumière est seulement ren--

1. Le geste, au sens large, comprend l'écriture.

voyée par la surface de son corps, après avoir été plus ou moins modifiée dans sa couleur par la nature des surfaces réfléchissantes; l'émanation lumineuse est absolument passive. Au contraire, l'émanation sonore est, en grande partie au moins, active et volontaire.

Il y a bien certains gestes qui sont involontairement bruyants, et qui sont néanmoins caractéristiques des individus (bruit des pas, toux, éternuement, etc...), mais la plupart des gestes sonores sont produits volontairement par l'homme et coordonnés par lui d'une manière intelligente ; c'est même par la voix que nous connaissons le plus parfaitement l'intelligence de nos congénères. Les qualités personnelles de la voix d'un ami (timbre, débit, etc...) entrent évidemment dans la définition du geste, seulement ce geste étant de la dimension des vibrations sonores, nous ne le voyons pas, et nous le percevons par les oreilles. L'image auditive qui en résulte est extrêmement précise, souvent aussi précise que l'image visuelle.

Enfin, il y a une autre image dont il faut bien parler aussi, quoiqu'elle soit moins couramment utilisée et surtout beaucoup moins précise, c'est l'image tactile ; elle comprend à la fois la forme d'ensemble et le grain, la rugosité plus ou moins grande de la peau. Cette image est, je le répète, assez peu précise ; les contours licencieux des siècles passés nous ont dit comment une femme mariée depuis longtemps à un homme et ayant de lui, par conséquent, une connaissance tactile très approfondie, pouvait, dans l'obscurité, recevoir dans son lit, sans s'en douter, un homme autre que son époux. Dans tous ces contes, le larron d'amour avait toujours soin de ne pas parler, car l'image auditive est bien plus précise que l'image tactile ; on ne s'y trompe que lorsqu'on le veut bien.

Voilà tout un ensemble de formes, les unes peu précises, les autres, au contraire, admirablement caractéristiques, qui, à défaut du rayonnement diastasique inexistant, transportent l'image de l'homme dans son ambiance, réalisent, en d'autres termes, une conquête partielle de l'espace environnant. Ces diverses formes, ou du moins quelques-unes d'entre elles, pénètrent fatalement dans l'entendement des autres hommes qui vivent au voisinage du premier. C'est même au moyen d'elles que s'effectuent les relations d'hommes à hommes ; c'est par la vue et par l'ouïe que nous connaissons les gestes et les paroles de nos voisins ; cette connaissance réciproque est l'un des éléments les plus indispensables de la vie sociale. Ce n'est pas à ce point de vue que je veux me placer ici ; je veux, au contraire, continuer à envisager les conquêtes d'espace et, par suite, la diminution de la vie absolue qui se réalise chez les êtres sous l'influence des images de leurs congénères voisins ; cela nous permettra de rapprocher les uns des autres des phénomènes que l'on considère ordinairement comme tout à fait distincts.

CONNAISSANCE ET SENTIMENTS AFFECTIFS

Certains individus passent dans notre ambiance sans y séjourner assez longtemps pour imprimer en nous une trace durable. Nous les voyons et nous les entendons, mais d'une façon si passagère qu'il ne nous en reste aucun souvenir; leur trace éphémère disparait bientôt; *nous ne les connaissons pas*; leur influence sur nous entre dans la catégorie des faits qui ne comptent pas et qui se détruisent les uns les autres; mais d'autres êtres séjournent, au contraire, longtemps auprès de nous; leur forme conquiert petit à petit notre mentalité, et s'y installe pour longtemps, voire pour toujours. Nous disons alors que nous les connaissons; leur existence dans notre ambiance joue dans notre vie personnelle un rôle qui n'est pas nul. Nous devons donc nous dire, en langage rigoureux, qu'ils ont empiété sur notre domaine et diminué notre quantité de vie absolue. Arrêtons-nous d'abord au fait que nous exprimons quand nous disons que nous *connaissons* quelqu'un.

Nous recevons de A, pendant qu'il séjourne dans notre sphère d'activité, des images multiples et synchrones; nous avons de lui des images de deuxième espèce (forme géométrique et gestes) et des images de première espèce (voix, bruits personnels, etc...). Enfin, nous percevons son odeur, si nous sommes assez bien doués pour cela.

Il ne nous faut pas longtemps pour savoir que toutes ces images synchrones émanent du même individu; comme, d'autre part, cet individu nous ressemble, nous lui attribuons l'unité individuelle que nous savons exister en nous, et nous considérons ces images si différentes comme les aspects divers d'un même phénomène parfaitement unique, auquel nous donnons un nom, A. Cette synthèse qui se fait en nous est tout à fait comparable à celle qui nous fournit les images de deuxième espèce[1]; nous voyons la forme des objets extérieurs, parce que nous recevons à la fois, de leurs divers points, des images synchrones de première espèce qui pénètrent en nous par les divers points de notre rétine; nous faisons la synthèse instinctive de ces images synchrones, qui sont de même nature, mais qui, je le répète, pénètrent en nous par des points différents de notre surface. La synthèse plus complète que nous faisons des images d'un individu est du même ordre que celle qui nous conduit aux images de deuxième espèce; la seule différence est que les diverses images qui pénètrent en nous par les yeux, les oreilles et le nez ne sont pas de

1. V. plus haut, p. 233, et *Science et Conscience,* ch. II et III.

même nature. Nous les rapprochons néanmoins les uns des autres, parce que nous *savons* qu'elles émanent du même individu. A partir de ce moment, si ces diverses images visuelles, auditives ou olfactives sont assez personnelles, l'une d'elles, perçue seule, suffit à nous faire reconnaître le personnage A. Nous disons : la voix de A, l'odeur de A, le geste, le sourire, etc... de A.

Nos études précédentes nous ont amenés à concevoir l'unité de composition de l'être vivant ; nous savons qu'il y a des liens très étroits entre tous les aspects que nous révèlent les diverses images de l'individu, et que tous sont en rapport direct avec l'unité de sa structure personnelle, c'est-à-dire avec son patrimoine individuel, en vertu du théorème morphobiologique. Mais nous ne sommes pas assez savants pour tirer, de la perception de l'une des images de A, les conclusions qu'elle suggérerait à un être omniscient. L'odeur de A, par exemple, si elle nous donnait une connaissance rigoureuse de la composition chimique de sa substance constitutive, devrait nous permettre de deviner sa forme avant même de l'avoir vue, puisque cette forme a été construite en vertu du patrimoine héréditaire que nous révèle son odeur. Nous sommes loin de cette science biologique ! Nous en sommes tellement loin que nous ne sommes pas choqués de sentir un parfum artificiel superposé à l'individu, et qui, emprunté à une fleur ou à un chevrotin porte-musc, correspondrait à un patrimoine morphogène tout différent. Si une personne a l'habitude de se parfumer d'une certaine manière, nous la reconnaissons à cette odeur artificielle; et cela prouve que, réduits à nos instincts, nous sommes de bien pauvres biologistes. Cela prouve surtout que notre odorat n'est pas fameux, et que nous ne nous en servons pas ordinairement, comme font les chiens, pour reconnaître les gens. Il est donc facile à nos voisins de déguiser leur odeur; il leur est moins facile de déguiser leur forme sous des vêtements d'emprunt ou leur voix en contrefaisant celle d'un étranger. En général, si nous y apportons assez de soin, nous reconnaissons nos proches, même déguisés. L'anthropométrie a montré la valeur diagnostique de certains caractères individuels mesurables.

Nous avons donc une connaissance synthétique des êtres dans la familiarité desquels nous vivons, mais cette connaissance synthétique ne va pas jusqu'à nous permettre de pénétrer ordinairement jusque dans le fond de leur mentalité, parce que nous ne sommes pas assez bons biologistes pour tirer les conclusions qu'il faudrait de la connaissance rigoureuse de certaines particularités individuelles. A la connaissance purement morphologique que nous recevons par les yeux et par les oreilles, s'en joint petit à petit une autre, plus approfondie et qui n'est, à tout prendre, que l'exagération de la connaissance du geste ; nous pouvons prévoir, partiellement au moins, la manière dont réagira l'individu A, en présence de tel facteur habituel ; nous connaissons son *caractère*, sa *tournure d'esprit*, etc... Tout cela forme une synthèse que nous résumons en disant que *nous connaissons l'individu A*.

Formée de tous ces éléments si multiples et si divers, la connaissance que nous avons de A est quelque chose d'extrêmement précis, puisque nous sommes à peu près certains, par des investigations suffisamment soignées, de reconnaître partout et toujours un individu dont nous avons acquis, pendant un temps assez long, la connaissance approfondie. Il n'y a aucune exagération à comparer, dans sa précision très grande, cette image totale d'un individu à l'image qu'impose d'elle-même, au moût de bière dans lequel elle vit, la cellule de levure de bière. Les hommes ne répandent pas dans l'espace ambiant un rayonnement diastasique analogue à celui de la levure de bière ; mais, quoique ne répandant pas, dans le milieu, les rayons N personnels auxquels ont cru les physiciens de Nancy, ils remplissent cependant ce milieu d'une multitude d'images personnelles qui réalisent une véritable conquête d'espace. Cette conquête d'espace est différente de la conquête diastasique, en ce sens qu'elle est sans effet sur la plupart des objets[1], et même des êtres vivants (mouches, fourmis, escargots, vers de terre) qui se trouvent dans le voisinage ; mais il n'en est plus de même relativement à des êtres de même espèce ou d'espèce voisine (hommes, chiens, chats), capables de recevoir ces images par leurs fenêtres sensorielles, et d'en faire une synthèse mentale à cause de leur analogie de constitution.

Ces êtres, envahis par l'image précise d'un autre être, sont, jusqu'à un certain point, comparables à des bactéries qui vivent dans un moût envahi par le rayonnement diastasique de la levure de bière ; il y a lutte nécessaire entre le rythme personnel de la bactérie et celui qu'impose à l'ambiance la diastase conquérante. Cette lutte est souvent mortelle, la bactérie se trouvant digérée par l'action de la levure ou digérant, au contraire, la levure, à moins que, par une adaptation réciproque, les deux espèces unicellulaires, partiellement vaincues l'une et l'autre, subissent l'une et l'autre des variations qui leur permettent une symbiose dans le milieu limité considéré.

Nous avons assisté à de pareilles luttes dans l'organisme humain lui-même, quand un microbe, pénétrant dans son milieu intérieur, entre en lutte directe avec ses éléments histologiques (maladie).

---

1. Un appareil photographique, un phonographe, peuvent cependant recevoir l'empreinte personnelle et durable d'un homme déterminé.

Le cas de l'image d'un homme entrant dans un autre homme est analogue, mais différent, en ce sens que cette image, comme nous l'avons remarqué plus haut, n'entre pas dans le milieu intérieur et n'a, par conséquent, pas affaire directement à chacun des éléments histologiques baignant dans ce milieu. Cette image pénètre directement dans la continuité nerveuse de l'individu atteint, et se répand ainsi dans sa substance même, et non à côté de sa substance vivante dans le milieu intérieur. En d'autres termes, elle pénètre directement dans le mécanisme individuel total de l'homme, qui, vis-à-vis de cette image, ne peut donc jamais être comparé à une colonie cellulaire, mais à un mécanisme d'ensemble, aussi parfaitement individualisé qu'une cellule unique. Or, il ne faut pas oublier que le patrimoine individuel commun à toutes les parties de l'homme lui donne, subjectivement, une connaissance individuelle de lui-même, une image totale de lui-même, que chacun de nous appelle son *moi*. L'image totale d'un individu étranger, pénétrant dans une subjectivité où régnait sans conteste une image personnelle du propriétaire, peut être une cause de trouble, et en est effectivement une quelquefois; nous sommes conduits par les réflexions précédentes à comparer ces phénomènes à ceux qui se produisent quand deux êtres unicellulaires entrent en lutte par leurs images physiques totales, je veux dire par leurs rayonnements diastasiques.

Les mêmes cas seront à considérer :

Il peut y avoir indifférence, et c'est là, sans doute, un cas très général; plusieurs microbes peuvent vivre dans un même milieu et ne pas s'attaquer les uns les autres, parce que leurs rythmes peuvent s'y répandre en toute liberté, sans se gêner réciproquement. De même un homme peut porter en lui l'image de plusieurs de ses congénères vivant dans son ambiance, sans que cela intervienne en rien dans son attitude générale; on dit alors que ces gens familiers lui sont indifférents.

Mais souvent aussi, la connaissance prolongée engendre la *sympathie ou l'antipathie*. Ces deux manifestations de l'influence d'une image sur un individu sont extrêmement difficiles à analyser, et surtout difficiles à prévoir. Chacun de nous attache, en effet, plus ou moins d'importance à telle ou telle qualité des individus, et ne s'accorde pas, à ce sujet, avec son voisin.

On s'en aperçoit bien quand on discute de ressemblances entre individus[1]. Pierre peut affirmer que A et B se ressemblent énormément, alors

---

1. On s'étonne souvent de cette impossibilité de s'entendre sur les ressemblances, parce qu'on se dit que les hommes, se ressemblant beaucoup, devraient avoir d'un homme donné la même opinion. Mais cela n'a pas lieu parce que les différences subjectives entre observateurs sont du même ordre de grandeur que celles qui séparent les deux modèles objectivement comparés.

que Paul déclarera qu'il ne trouve entre eux aucune ressemblance. C'est que, par exemple, A et B se ressemblent par le timbre de leur voix ou par le débit saccadé de leurs paroles, et que Pierre est très fin d'oreille, tandis que Paul, plus sensible aux formes géométriques, n'est pas frappé par la similitude des élocutions. Nous avons, d'ailleurs, tellement l'habitude de faire, en nous-mêmes, la synthèse de tous les caractères d'un individu connu de nous, que nous ne savons pas, d'ordinaire, par quel caractère il ressemble à un autre individu ; nous remarquons d'abord la ressemblance sans savoir à quoi elle est due, et nous affirmons cette ressemblance qui nous paraît remarquable ; c'est seulement ensuite que, par une analyse détaillée et souvent très difficile à réaliser, nous arrivons à reconnaître que la ressemblance dont nous avons été frappés tient à telle ou telle particularité de la voix ou du geste. Nous sommes tellement pénétrés de l'idée de l'unité indivi-duelle que nous ne pouvons pas comprendre, sans un grand effort analytique, que deux êtres très semblables par l'un de leurs caractères ne sont pas semblables par les autres.

Cette remarque est importante pour les questions de sympathie ou d'antipathie. Pierre étant désagréa-blement choqué par la voix de Paul, aura, s'il est sensible de l'oreille, beaucoup de peine à revenir sur cette première impression, même s'il reconnaît ensuite, chez Paul, des qualités pour lesquelles il a de la sympathie. C'est une vérité courante et proverbiale que la sympathie ne se commande pas. Quand nous éprouvons, pour ur être de notre ambiance, soit de la sympathie, soit de l'antipathie, cela veut dire que la pénétration de son image dans notre mentalité a dérangé l'équilibre préexistant, a causé en nous ce que nous devons appeler, rigoureusement, un début de maladie plus ou moins grave. Tout être qui ne nous est pas indifférent empiète sur notre vie individuelle, puisque son image joue un rôle dans notre fonctionnement vital.

Ces empiétements sont nécessaires à la vie sociale, comme nous avons vu précédemment, p. 254, que les contraintes déterminant des éveils de conscience sont indispensables à notre bien-être. Un homme qui aurait une vie vraiment personnelle, et dans laquelle n'interviendraient pas les images de quelques-uns de ses congénères, ne saurait être un individu social.

On trouve, en général, qu'il est exagéré de dire que tout fonctionnement, causé par une variation de l'un des facteurs habituels de notre vie, est du même ordre que la maladie; c'est cependant un début de maladie, qui peut n'acquérir aucune gravité et, même, être souvent agréable; mais il est impossible de tracer une ligne de démarcation bien nette entre la physiologie et la pathologie;

c'est toujours une simple question de plus ou de moins, une question de dose. De même un aliment, pris en trop grande abondance, devient un poison. De même aussi, dans les conquêtes mentales que font de nous les images de nos congénères; il y a tous les degrés entre la connaissance agréable, souvent utile, et la *possession* douloureuse, quelquefois mortelle.

Cette *possession par l'image*, l'une des maladies les plus graves et les plus douloureuses que puisse éprouver un homme, commence d'ordinaire par une série d'impressions agréables, qui la rendent plus redoutable parce qu'elles empêchent de faire un effort pour l'éviter. De même, vous pouvez avoir du plaisir à entendre pour la première fois une mélodie nouvelle, mais si ce plaisir est d'emblée très vif, il y a quelque danger à l'entendre trop souvent; le plaisir très grand que vous a causé la première audition de cette mélodie prouve que vous êtes pour elle un bon résonateur; il vous a peut-être suffi de l'entendre pour la retenir; si vous la réentendez plusieurs fois, elle imprime en vous une image si forte que vous en êtes *obsédé:* cette mélodie dirige désormais votre rythme vital; vous ne pouvez vous empêcher de la fredonner, parce qu'elle se chante sans cesse en vous. Une telle obsession n'est pas, en général, dangereuse, quoiqu'on cite des cas de névropathes qui se sont suicidés pour n'avoir pu se débarrasser d'un air obsédant.

Bien plus terrible est la possession d'un individu par l'image d'un de ses congénères. En général, la possession est réalisée chez un être par l'image d'un être de sexe différent, parce que la question sexuelle, *qui est d'un tout autre ordre*, se greffe sur la question de possession par l'image; mais il y a eu des cas douloureux de possession homo-sexuelle, comme celui dont nous entretient Virgile dans sa deuxième bucolique. D'ailleurs, la posses-sion par l'image (si l'on prend image dans son sens le plus vaste, auquel cas l'image comprend le geste, le caractère, la tournure d'esprit, etc.), peut affecter la forme de l'amitié et non celle de l'amour; mais elle est alors beaucoup moins com-plète et moins douloureuse. Elle peut aussi affecter la forme de la haine (et alors l'homosexua-lité n'est plus un obstacle), mais il y a beaucoup de cas dans lesquels le patient ne sait pas dis-tinguer la haine de l'amour; tout ce qu'il sent, c'est qu'il est *possédé*, et que cela lui rend la vie intenable. Ch. Le Goffic a raconté un de ces cas dans son beau roman *Le Crucifié de Keraliès*.

A vrai dire, l'attitude de la haine serait plus logique vis-à-vis de la possession, d'après la vieille formule : « Notre ennemi c'est notre maître »; mais si la possession débute par des impressions agréables, elle conduit plus ordinairement à la forme amoureuse, qui se dénoue d'ailleurs souvent par des drames plus terribles que ceux auxquels conduit une haine initiale, même très violente.

La possession d'un individu par l'image d'un de ses congénères ressemble, par certains côtés, à la lutte de la bactérie contre le rayonnement diastasique d'une cellule ennemie, mais elle en diffère aussi par certains côtés importants. Voyons d'abord les différences :

La plus importante de ces différences est que la possession n'est pas réciproque; cela est évident, si l'on réfléchit à la manière dont se produit la connaissance. A peut être connu de B sans connaitre B; il se peut même que A ait réalisé chez B l'état douloureux de possession sans avoir jamais vu B. Tel est, par exemple, le cas d'une actrice qui, de la scène d'un théâtre, fait naitre des passions folles chez des admirateurs qu'elle ne connait pas. Tel est aussi, dans un autre ordre d'idées, le cas des hommes célèbres qui sont connus de gens qu'ils ne connaissent pas, le cas des grands penseurs ou des grands artistes qui ont modifié la mentalité d'individus auxquels ils n'ont jamais eu affaire. C'est même là, pour beaucoup, le charme de la gloire; être connu de gens qu'on ne connait pas, c'est-à-dire avoir imprimé son empreinte, sans recevoir soi-même d'empreinte en sens contraire. Il peut y avoir danger aussi à être connu sans connaitre, comme cela arrive pour le criminel que la police recherche, et qui ne connait pas les limiers attachés à sa poursuite.

Tous ces exemples suffisent à prouver que la connaissance n'est pas réciproque; il est donc tout naturel aussi que la possession ne soit pas réciproque; et, de fait, elle ne l'est pas ordinairement. Or, c'est là une différence fondamentale avec le cas des microbes qui luttent par leurs rayonnements diastasiques. Là, la lutte est toujours réciproque, la connaissance aussi; il n'y a pas d'action sans réaction. Bien plus, dans le cas où une symbiose se réalise comme résultat de la lutte, cette symbiose résulte d'une adaptation qui, elle aussi, est *réciproque*. Si l'homme s'adapte au microbe (maladie chronique; voy. plus haut, p. 261), le microbe s'adapte en même temps à l'homme; les deux antagonistes, si différents qu'ils paraissent l'un de l'autre par leur puissance, font le même nombre de pas dans la voie de l'adaptation; tous deux, homme et microbe, y mettent les pouces! Au contraire, si B est atteint de possession par l'image de A, A peut très bien ne pas s'en douter; A, dont l'image a détruit à jamais l'équilibre de B, n'a éprouvé de la part de B *aucune impression, aucune variation*. La possession de B par l'image de A est un phénomène qui se passe en dehors de A *et qui est indifférent à* A.

Puisque la connaissance peut ne pas être réciproque, il n'y a aucune raison pour que la possession le soit, même lorsqu'elle se réalise entre deux êtres qui se connaissent parfaitement. Les cas de possession réciproque réalisée chez les deux adversaires avec une égale intensité sont tellement rares, qu'ils ont été expliqués par les hommes au moyen de philtres et de diableries. Tel est le cas des amours célèbres de Tristan et d'Yseult la blonde, qu'une possession réciproque et incurable conduisit tous deux au tombeau; leurs contemporains attribuèrent ce miracle à ce qu'ils avaient bu tous deux, en même temps, un breuvage d'amour préparé par une sorcière. L'idée d'expliquer la possession amoureuse par des philtres n'est pas si éloignée de celle à laquelle nous sommes conduits par nos raisonnements biologiques, et qui nous amène à assimiler la possession à une intoxication.

Nous venons de signaler des différences sur lesquelles nous aurons à revenir un peu plus loin; voyons maintenant les ressemblances; elles sont bien plus nombreuses et [bien 'plus remarquables que les différences.

Un mammifère, un mouton, par exemple, peut être, vis-à-vis d'un microbe comme la bactéridie pathogène, en état d'*immunité* ou en état de réceptivité. Des remarques analogues peuvent être faites pour le cas de la possession par l'image. Tel individu aura pu, sans aucun danger pour son repos, fréquenter longtemps un autre être de son espèce (état d'immunité), et, brusquement, un jour, se trouvera envahi par une image qui, jusque-là, n'avait pas été nuisible pour lui (état de réceptivité). Il sera facile de poursuivre le parallèle entre l'immunité sentimentale et l'immunité pathologique; ce sont là des amusettes qui pourront distraire le lecteur psychologue.

Une comparaison plus instructive se trouve dans l'histoire des maladies chroniques, et cela est assez naturel, car la possession ressemble à une maladie chronique. Voici par exemple ce qui se passe dans les cas de tuberculose ou de syphilis :

Un homme qui contracte la syphilis par une écorchure de sa peau voit se former en ce point un chancre induré; la maladie évolue; le chancre guérit, mais l'infection persiste; elle dure malheureusement, en général, autant que le malade lui-même et peut, à la période dite tertiaire, amener des troubles physiologiques ou mentaux d'une extrême gravité. Eh bien! le malade infecté de syphilis est à l'abri d'une nouvelle inoculation. Sauf en des cas très rares et peut-être douteux, l'infection d'une de ses écorchures par du virus syphilitique frais ne lui donne pas de nouveau chancre.

Il en est de même pour la tuberculose : des cobayes déjà tuberculeux, et sous la peau desquels on introduit des bacilles de la tuberculose, se conduisent vis-à-vis de ces nouveaux bacilles comme vis-à-vis d'agents d'une maladie aiguë contre laquelle ils seraient immunisés. La présence des nouveaux microbes détermine au point d'inoculation une forte inflammation qui détermine l'expulsion des bacilles avec l'exsudat. Il se produit une escarre volumineuse qui tombe bientôt. Ce processus n'est suivi, ni de la formation d'un ulcère permanent, ni de l'hypertrophie des ganglions voisins. L'organisme n'est donc plus en état de réceptivité vis-à-vis du virus tuberculeux; ce qui ne l'empêche pas d'ailleurs de mourir bientôt de la tuberculose première qui l'envahit petit à petit et atteint tous ses organes.

Ainsi, dans ces deux types de maladie chronique, la tuberculose et la syphilis, une infection première réalise une symbiose *qui est exclusive de toute symbiose nouvelle avec d'autres microbes de même espèce*. L'animal, envahi par un bacille tuberculeux qui s'adapte à lui et auquel il s'adapte, manifeste désormais, vis-à-vis de tout nouveau bacille tuberculeux différent du premier, une *saturation* qui équivaut à une véritable immunité.

Le phénomène de possession, maladie durable sinon tout à fait chronique, crée, chez l'individu qui en est atteint, une *saturation* qui le met à l'abri, pendant qu'elle dure, de toute possession par un autre congénère différent du premier. Et cela explique bien des anomalies apparentes :

Voici par exemple une femme qui pouvait déterminer chez un homme une passion très violente, puisque, en fin de compte, on *a vu* naître cette

passion, et qui, cependant, avait passé des années
près de cet homme sans lui faire le moindre effet;
pourquoi? C'est ordinairement parce que l'homme
était, pendant ces premières années, le siège d'une
possession différente qui le saturait. Un beau jour,
cette première possession ayant disparu, le malheureux se trouve en état de réceptivité, et est
envahi par une possession nouvelle qui peut être
beaucoup plus grave que la première. Si l'on
accepte cette explication copiée sur l'histoire des
maladies chroniques, on voit qu'une femme aurait
bien tort de trop s'enorgueillir de ce qu'elle a fait
naître, chez un homme, une passion incurable;
cela prouve simplement que, de toutes les femmes
capables de prendre possession de cet homme,
elle s'est trouvée la première sur son chemin, au
moment où s'est réalisé chez lui l'état de réceptivité par guérison progressive des possessions
anciennes. L'homme jeune, qui n'a pas encore
aimé et qui est, par nature, susceptible d'être
envahi par une possession féminine, est la proie
de la première femme réalisant son type (question
de résonance physique, comme nous l'avons vu
plus haut). Une fois possédé par cette première
image, il peut rencontrer d'autres femmes bien
plus belles, pour lesquelles il aurait sûrement, en
état de réceptivité, éprouvé une folle passion, et à
la puissance desquelles il échappe, tant qu'il est
saturé par sa première infection. Le tout est une

question de « premier occupant ». Et cela prouve une fois de plus combien est important le rôle du hasard dans l'histoire des hommes; ce n'est pas seulement parce que le hasard amène les rencontres d'où naissent les passions, mais aussi parce que l'ordre des rencontres intervient d'une manière très efficace dans le résultat de chaque rencontre successive. Une saturation préexistante crée une immunité d'autant plus complète que la possession correspondante est plus forte; que cette saturation disparaisse parce que l'image conquérante s'est peu à peu effacée dans le souvenir, et une nouvelle possession sera possible. Si, cependant, la première possession a été vraiment profonde, on a souvent tort de s'en croire guéri; même après avoir subi une série de possessions diverses, il arrive souvent, comme dit le proverbe, que « l'on revient à ses premières amours ». Les premières possessions sont les plus durables, comme les souvenirs du jeune âge, qui résistent à la décrépitude sénile et restent encore vivants chez le vieillard, dans la mémoire duquel tout souvenir plus récent a entièrement disparu.

On trouvera peut-être étrange que j'assimile à une maladie chronique les sentiments les plus élevés dont puissent s'enorgueillir les hommes; nous avons l'habitude de nous montrer très fiers des passions violentes que nous subissons; nous sommes surtout fiers que ces passions soient durables;

nous prétendons même qu'elles sont éternelles, et nous nous en faisons gloire. Encore faut-il ici faire une remarque :

Nous nous vantons d'être atteints d'un amour éternel, quand nous en parlons à l'être même qui est l'objet de cet amour, mais nous prenons ordinairement une attitude tout autre quand nous nous trouvons en présence d'étrangers, surtout d'étrangers qui n'ont aucune relation avec l'être aimé. Alors, au contraire, nous dissimulons avec soin la profondeur d'une blessure dont nous avons honte vis-à-vis de la société dans laquelle nous ne pouvons plus jouer désormais qu'un rôle amoindri. Nous en avons honte, parce que nous sentons que la possession dont nous sommes victime diminue notre liberté individuelle et nous fait perdre de notre valeur comme membre actif de l'association humaine. En revanche, quand nous parlons à l'être aimé, nous avons une tendance à exagérer le mal que nous avons ressenti; nous affirmons que notre possession est définitive, incurable, etc. Les poètes ont répété, sur tous les tons, ces protestations que leur vie a ordinairement démenties ensuite d'une manière éclatante. Werther ne s'est pas suicidé; Gœthe a même vécu fort vieux, et a parfaitement oublié Charlotte. Ces protestations sont souvent plus sincères dans la bouche de ceux qui ne mettent pas l'Univers au courant de leurs souffrances passionnées; elles sont quelquefois littéralement vraies, et on a vu des malheureux qu'un souvenir a hantés douloureusement jusqu'à la mort. Dans la crainte d'un sort pareil, tout homme qui se sent capable d'éprouver pour une femme une de ces passions mortelles devrait la fuir dès la première rencontre et ne plus la revoir; hélas! il ne la fuit jamais; il la recherche au contraire, tant est doux ce commencement de la possession amoureuse; et ensuite, quand il est trop tard, il commence à se plaindre amèrement, quoique ayant été le plus souvent l'artisan conscient de son malheur.

La Biologie fournit, me semble-t-il, une explication acceptable de ce fait, que nous exagérons ordinairement la violence et l'incurabilité de la passion dont nous sommes atteints, quand nous en parlons à l'être qui nous l'a inspirée. La possession, avons-nous dit, n'est pas plus que la connaissance un phénomène réciproque. Il n'y a *aucune raison*, quand A est possédé par B, pour que B soit possédé par A. Mais si A est possédé par B, il se trouve dans un état d'infériorité vis-à-vis de B. B est son maître (ou sa maîtresse) et l'égoïsme de A se révolte contre cette domination. Il s'efforce donc de créer, chez B, un état d'infériorité analogue à celui dans lequel il est tombé lui-même; il fait tout ce qu'il peut pour que B en arrive à être possédé de son image à lui A, comme il est lui-même A possédé par B.

Je fais remarquer en passant que, dans toute cette analyse biologique cruelle, nous employons l'expression « être possédé » et jamais le verbe actif *posséder*, qui, dans l'espèce, ne signifie rien. Je puis être possédé par une femme sans qu'elle s'en doute, et si elle le sait, cela lui est bien indifférent, tant qu'elle n'est pas atteinte de la maladie réciproque. Je suis donc possédé par elle sans qu'elle en éprouve aucun sentiment analogue à celui que l'on a quand on possède ; cela est de toute évidence.

Donc, A, possédé par B, fait tout ce qu'il peut pour que B devienne à son tour amoureux de lui-même ; il emploie pour cela bien des procédés, tous plus mauvais les uns que les autres, et dont le plus ordinaire est d'exciter la pitié en se montrant très malheureux, ou de développer l'orgueil en exaltant la puissance de la beauté dont il est la victime. Cela ne réussit pas souvent, car « l'amour est enfant de Bohème », comme dit la chanson ; mais il n'en est pas moins éternellement vrai que celui qui aime cherche à se faire aimer, ce qui rétablirait l'égalité entre les deux antagonistes. L'important est d'arriver à *croire* qu'on est aimé de l'être qu'on aime, car une fois la réciprocité établie, l'adaptation a lieu comme dans les symbioses ordinaires, et le mal n'en est plus un. Mais l'être aimé, s'il est poussé par la pitié, ou par l'intérêt, ou par tout autre mobile, peut simuler une passion qu'il n'éprouve pas; et cela ne fait pas l'affaire du malheureux possédé; il faut, pour qu'il soit guéri, qu'il *sache* que la possession est réciproque; il demande donc des *preuves* d'amour. Ce ne sont jamais des preuves sérieuses! La parole, a dit Talleyrand, a été donnée à l'homme pour déguiser sa pensée; c'est surtout dans les duels amoureux que cette vérité est douloureuse. Cependant, il y a des possédés qui croient avoir inspiré une passion égale à celle qu'ils éprouvent; alors, ils ne sont pas loin de guérir. Si Tristan et Yseult ont été possédés jusqu'à la mort, c'est que ces deux parfaits amants ont douté sans cesse l'un de l'autre, ce qui les empêchait de croire aux nombreuses preuves d'amour qu'ils se donnaient, en dehors du moment même où ils se les donnaient.

Une confusion, aujourd'hui complète, s'est établie progressivement dans la mentalité des hommes, entre le désir sexuel et la possession par l'image, quoique ces deux phénomènes n'aient eu à l'origine aucun point commun. La possession par l'image peut se manifester déjà, très violemment, chez des enfants impubères qui ne sont pas encore nés à la vie sexuelle; et cela prouverait, si une preuve était nécessaire, la différence fondamentale entre la possession par l'image et le désir génital. La plupart des hommes refusent cependant de croire à ce qu'on appelle quelquefois les « amours platoniques », tant a pris racine en nous

25.

cette confusion, dont je viens de parler, entre deux phénomènes qui ne présentent aucun rapport originel. Je crois qu'il est facile de trouver une raison probable de cette confusion progressive, dans le besoin maladif dont est atteint le possédé d'acquérir une *preuve* de la réciprocité du sentiment qui le torture.

J'ai expliqué ailleurs la tyrannie douloureuse du désir sexuel [1]; on m'a vivement reproché cet essai d'explication biologique, et l'on a traité de cynisme un effort désintéressé vers la vérité; c'est que la vérité, dans les affaires sexuelles, ne plait pas à notre hypocrisie naturelle. Le désir sexuel étant la passion la plus violente dont nous puissions être dominés, nous attachons à sa satisfaction une importance capitale; en particulier, si la femme de l'image de laquelle nous sommes possédés nous accorde de satisfaire notre désir, nous voyons dans sa condescendance la *preuve* la plus forte qu'elle puisse nous donner d'un sentiment réciproque; c'est peut-être pour cela que nous disons *posséder* une femme quand elle nous accorde ses faveurs, parce que nous pensons que cela prouve qu'elle est possédée de nous comme nous sommes possédés d'elle. Cette expression est bien trompeuse. Si un être peut être possédé par l'image d'un autre être, maladie chronique dont nous avons compris

1. V. *l'Égoïsme, seule base de toute société, op. cit.*

la genèse, un individu ne peut jamais posséder un autre individu; les verbes posséder et être possédé ne sont pas réciproques.

Quoi qu'il en soit, nous accordons la plus grande valeur démonstrative au fait qu'une femme s'abandonne à nous, méconnaissant en cela la valeur du proverbe persan :

« Trois choses qui ne laissent pas de trace : l'oiseau dans l'air, le poisson dans l'eau, l'homme dans la femme ! »

En réalité, si nous sommes vraiment possédés par l'image, nous avons tellement besoin de croire au sentiment réciproque que, même après la preuve, nous doutons toujours; nous sommes *jaloux*, parce que notre égoïsme n'est pas bien sûr de n'avoir pas été dupé. Si, par exemple, nous apprenons que la femme aimée a accordé à un autre que nous la même faveur, nous retombons dans la douleur primitive du possédé insatisfait, parce que nous reconnaissons que la preuve ne valait rien. Nous savons bien, par notre propre exemple, qu'une possession réelle entraîne la *saturation*, l'immunité contre toute autre atteinte du même mal; si donc la femme aimée a pu donner à un autre la même *preuve* d'amour qu'à nous, c'est que la preuve ne vaut rien; c'est que notre antagoniste n'est pas victime d'une possession aussi exclusive que celle dont son image a empoisonné notre vie.

Somme toute, nous pouvons être victimes à la fois de deux intoxications absolument distinctes, mais que nous confondons ordinairement, l'intoxication sexuelle par maturité des gamètes et la possession par l'image. La première se manifeste naturellement en nous sans l'intervention d'un de nos congénères; elle nous est personnelle, mais ne dépend que de nous seuls. La deuxième, au contraire, si elle nous est personnelle, en vertu du théorème I, est aussi personnelle à l'être qui a fourni l'image, d'après le théorème II; de sorte que nous ne voulons demander qu'à cet être, et à lui exclusivement, la guérison d'une intoxication sexuelle que pourrait guérir aussi bien, en l'absence de possession, toute autre personne du même sexe que l'être aimé.

Même aujourd'hui, malgré la confusion qui s'est établie depuis si longtemps entre les questions de volupté sexuelle et de possession par l'image, je crois que, chez l'être vraiment possédé, la volupté n'est que secondaire; elle n'est importante que comme preuve. Un amoureux, douloureusement atteint de la possession par l'image, serait sans doute très heureux s'il pouvait acquérir *la preuve indiscutable* qu'il est aimé comme il aime; alors, il n'aurait plus le même exclusivisme sexuel; il accepterait sans peine de chercher chez une autre femme la satisfaction de son désir sexuel, et il ne tarderait pas à guérir de sa possession douloureuse.

Malheureusement, la preuve indiscutable ne peut pas être donnée ; la jalousie exagère les indices, et l'on souffre de plus en plus. Il est inutile de se lancer, à ce point de vue, dans des considérations psychologiques qui roulent sur des faits connus de tous. Le lecteur, pourra, s'il le désire, se livrer à l'amusante recherche de la part qu'il faut faire, dans chaque cas, au désir sexuel, d'une part, à la possession par l'image, d'autre part, enfin et surtout à la confusion, aujourd'hui habituelle, que nous faisons ordinairement entre ces deux phénomènes. Le rôle du biologiste se borne à établir le rapprochement entre la possession par l'image et la maladie microbienne chronique. Seule de toutes les maladies chroniques, la maladie de la possession n'est pas réciproque ; elle atteint le sujet sans atteindre son ennemi ; elle ne fournit au malade aucune arme contre celui dont l'image l'a attaqué. Et, précisément, l'homme a instinctivement cherché, sans être conduit à cela par aucun raisonnement, le moyen de rendre réciproque, comme les autres maladies, la seule affection qui, par essence, ne le soit pas. Si la réciproque était obtenue, la guérison serait proche ; la symbiose ne serait plus douloureuse. De même, on est débarrassé de l'obsession résultant, par exemple, de la recherche d'un nom familier qu'on ne retrouve pas, dès qu'on a retrouvé le nom cherché. Encore faut-il que l'obsession n'ait pas duré trop longtemps ; sans

cela, elle a pu créer, par assimilation fonctionnelle, des chemins persistants qui déterminent
dans le cerveau l'idée fixe incurable.

Malheureusement, la réciproque de la possession, même quand elle est réalisée, ne se prouve
pas; elle ne se prouvera jamais; chacun de nous
restera toujours maître de son for intérieur et n'en
communiquera que ce qu'il lui plaira; c'est pour
cela que A peut être possédé par l'image de B; il
ne peut jamais posséder B. Les poètes ont déploré
de tout temps cette impossibilité de fusion entre
deux êtres qui s'aiment; l'adaptation n'est pas
réciproque fatalement comme dans les cas de symbiose; deux individus qui s'adorent, *et qui doutent,*
restent, parce qu'ils doutent, *des ennemis,* de vrais
ennemis qui se font souvent plus de mal que s'ils
se haïssaient [1].

On pourrait continuer le rapprochement entre
la possession par l'image et la lutte d'un microbe
contre le rayonnement diastasique d'un autre microbe; on pourrait étudier l'application de la loi
d'habitude, l'immunité progressive ou, au con-

---

[1]. L'amitié est moins dangereuse que l'amour; elle n'est
pas aussi involontaire; elle est basée sur une appréciation
des qualités sociales et non pas seulement sur les qualités
physiques de l'être aimé. Il y a, dans sa genèse, une part
importante de raisonnement. Néanmoins, si elle est forte,
elle détermine aussi un essai de possession réciproque; on
veut se faire aimer de celui qu'on aime, et l'on devient ver-
tueux ou hypocrite pour y réussir.

traire, l'anaphylaxie, suivant les cas. Qu'il nous suffise d'avoir montré que l'on peut parler des manifestations les plus élevées de l'activité humaine, dans le langage ordinaire de la pathologie cellulaire, toutes les fois que l'homme agit comme un individu-mécanisme vraiment unique.

Une dernière remarque : nous avons constaté, plus haut, que l'individu, résistant au monde entier, vaut le monde entier. Il n'est donc pas étrange, si l'image de B envahit son congénère A, qu'elle joue dans la mentalité de A un rôle infiniment puissant et arrive à annihiler tout le reste, tout ce qui, dans A, provient d'un univers auquel B est, comme A, capable à lui seul de résister. Le corps à corps de deux congénères est aussi dangereux pour chacun d'eux que toutes les autres causes de destruction, quelles qu'elles soient.

LA CERTITUDE DE LA MORT TOTALE

Après avoir passé en revue toutes les considérations précédentes, si l'on n'a pas trouvé d'erreur dans les raisonnements conduisant aux théorèmes, ou dans les déductions ayant ces théorèmes comme point de départ, on ne peut s'empêcher de conclure que l'étude objective *totale* de la vie étant possible, la vie est un phénomène du même ordre que ceux de la physique et de la chimie. Pour moi, malgré tout ce qu'ont dit les philosophes les plus habiles, au sujet de l'âme immortelle, je ne vois aucune raison de croire que la personnalité d'un individu peut exister en dehors de son mécanisme structural, dont elle n'est que la synthèse actuelle. Pour moi, il n'y a pas d'expérience plus probante que celle-ci : j'écrase un moucheron A ; il n'y a plus de moucheron A ; je tue un chien B, il n'y a plus de chien B. Cette expérience, nous la faisons tous les jours, et toujours avec le même succès ; c'est donc la chose dont nous devrions être le plus sûrs, s'il n'y avait en nous le souvenir d'erreurs ancestrales qui nous sont plus chères que la vérité.

Le résultat le plus certain des études biologiques est, pour moi, ceci : tout être vivant mourra totalement ; moi, qui suis un être vivant, je mourrai totalement, comme tous les autres.

Cette certitude n'est pas agréable, en général ; beaucoup ne veulent pas l'accepter, parce qu'ils *désirent* que le contraire soit vrai ; ils la repoussent donc, malgré son évidence. Ce n'est pas là une position qui puisse se défendre longtemps. Il vaut bien mieux regarder les choses en face, et se demander, étant donné que l'on croit à la nécessité de la mort totale, quelle attitude on doit prendre vis-à-vis de cette nécessité.

Nous avons besoin, pour agir, de croire à un certain avenir ; nous nous démenons donc en vue de cet avenir, que nous préparons au mieux de nos intérêts, en nous servant de l'expérience acquise dans le passé; tous nos actes ont pour but la préparation de l'avenir; si nous croyons que cet avenir est limité, si nous approchons de son terme, notre grand ressort est cassé, nous n'avons plus cette ardeur à la lutte qui est la source de tout bonheur humain. Ceci est, à mon avis, la condamnation de l'individualisme.

Seul, celui qui se contente de la jouissance immédiate, du bien-être de chaque jour, peut accepter de vivre sans poursuivre un but, un idéal. Or, ce but, la certitude de la mort totale nous empêche de croire que nous l'atteindrons personnellement ; il faut donc que nous nous inféodions à une agglomération qui dure plus que nous et qui poursuive le même but que nous. Si nous arrivons à nous attacher à cette agglomération par des liens affectifs assez solides, nous nous réjouirons du succès futur de son effort, comme si nous devions continuer à y collaborer effectivement en personne; et alors, nous aurons un but collectif, que la certitude de notre mort individuelle ne nous empêchera pas de poursuivre. Ce sera pour nous une raison de vivre, quoique nous soyons sûrs de mourir.

L'agglomération peut être très restreinte, comme la famille; on peut se proposer de préparer à ses descendants une grande situation dans le monde, et beaucoup se consacrent entièrement à amasser, dans ce but, argent et considération.

L'agglomération est déjà bien plus vaste quand elle s'appelle patrie ; celui qui aime sa patrie pour son passé glorieux se proposera comme but principal la grandeur ou même simplement la prolongation de la durée d'une association qu'il aime comme un individu ; alors il ne craindra pas la mort personnelle ; il trouvera même que mourir pour la Patrie est un sort enviable, tandis que l'individu isolé ne peut jamais voir dans la mort qu'une satisfaction négative, la fin de ses maux.

Du même ordre que les agglomérations nationales sont les associations confessionnelles, les groupements ayant pour but le triomphe d'une idée, etc...

Enfin, l'association la plus vaste est l'humanité tout entière. Elle est bien vaste pour être considérée comme ayant un but unique commun à tous ses membres ; elle a du moins une œuvre commune qui est déjà fort avancée et qu'on appelle la Science ; tout homme qui collabore à cette œuvre utilise les résultats de ses devanciers et prépare les découvertes de l'avenir ; il travaille donc à un édifice qui durera plus que lui, et cela lui donne le courage dans l'effort, quoiqu'il sache qu'il mourra complètement. L'homme qui sait qu'il mourra ne peut trouver de raison de vivre que dans une association. Il n'est pas bon que l'homme soit seul.

APPENDICE

Quelques exemples de transmission héréditaire des caractères acquis.

J'ai longuement développé, dans le chapitre IV de ce livre, les déductions qui montrent, à mon avis, jusqu'à l'évidence, la possibilité, quelquefois même la nécessité de la transmission héréditaire des caractères vraiment acquis. Pour moi, cette évidence est telle que des exemples ne seraient pas nécessaires pour en étayer la démonstration. Mais comme de nombreux naturalistes ont nié cette transmission héréditaire, parce qu'ils n'en pouvaient pas comprendre le mécanisme, je reproduis ici, en Appendice, une étude[1] relative à un récent livre de chirurgie, *la Luxation congénitale de la Hanche*, par le D^r Le Damany, professeur à l'Université de Rennes. Cet auteur, qui n'est pas transformiste au sens philosophique du mot, a été amené cependant à faire de son ouvrage un véritable traité de transformisme lamarckien.

Pour montrer comment l'auteur, que préoccupe le seul point de vue chirurgical, a été conduit à ces considéra-

---

1. Cette étude a paru dans *Biologica* (1912) sous le titre : *Transformisme et Chirurgie*.

tions sur les caractères acquis, je relève d'abord (p. 506) ses réflexions à propos des opérations sanglantes préconisées par certains chirurgiens :

« Parmi tous les défauts de cette opération, il y en a un qui, vraiment, semble fait pour surprendre, c'est la récidive de la luxation. La réduction a été opérée à grands frais, la tête modelée avec soin, le cotyle creusé profondément de toute l'épaisseur de l'acétabulum, et, néanmoins, plus tard, par la marche, *le fémur se luxe encore !* Quelle est la cause mystérieuse de cette reluxation ? *Elle est évidemment la même que celle de la luxation primitive :* une mauvaise orientation réciproque des surfaces coaptées. »

Ainsi cette opération difficile, douloureuse, dangereuse même, est inefficace parce qu'elle a laissé subsister la *cause* de la luxation primitive. Cette cause, il faut donc la rechercher. M. Le Damany la trouve dans une mauvaise orientation réciproque de la tête du fémur et de la partie du bassin qui porte la cavité cotyloïde. Fort bien ! mais cela n'est pas encore suffisant ; il faut de plus trouver *la cause de cette cause.* C'est la nature qui a produit l'orientation vicieuse ; pour corriger le résultat, il faut connaître la *méthode* qui a conduit à ce résultat ; pour corriger ce que la nature a mal fait, il faut comprendre comment elle a travaillé et faire le contraire de ce qu'elle a fait. Et voilà pourquoi, à propos de cette question, très technique en apparence, de la luxation congénitale de la hanche, M. Le Damany nous fait un cours extrêmement instructif d'anthropogénie. Ses observations dépassent même le cadre de l'anthropogénie et intéressent au plus haut point la biologie générale, puisqu'elles offrent des cas non douteux de transmission héréditaire de caractères acquis par la méthode lamarckienne. Je vais commencer par la fin et signaler d'abord celui de ces cas d'hérédité acquise qui me parait le plus remarquable ;

je reproduis donc l'aveu fait par l'auteur au début du chapitre xxii, page 512 :

« La luxation congénitale de la hanche est certainement héréditaire et familiale dans une large mesure (1/2 à 1/3). La coexistence de plusieurs luxés dans une même famille se remarque trop fréquemment pour qu'on puisse y voir un simple effet du hasard. Les boiteux et boiteuses se mariant moins que les sujets normaux s'éliminent eux-mêmes de la reproduction dans une petite mesure. Les efforts de l'orthopédie n'ont d'autre but et n'auront d'autre résultat que de rendre à la vie commune, avec tous ses pouvoirs, y compris le mariage, le plus grand nombre possible de sujets atteints de luxations congénitales. Mais la guérison de l'infirmité ne fera pas disparaitre la conformation anatomique, héréditaire ou personnelle dont résultait la prédisposition et dont les descendants seront exposés à hériter. *Il est donc à craindre que la luxation congénitale de la hanche, déjà si fréquente, le devienne encore davantage dans l'avenir quand tous les sujets atteints de cette claudication pourront être guéris.* »

Évidemment M. Le Damany ne tirera pas grand bénéfice de cette affirmation ; au lieu de se poser en bienfaiteur du genre humain, il laisse entendre que les avantages individuels résultant de l'application de son traitement seront tristement compensés par une augmentation du nombre des anormaux dans les générations à venir[1] ; il le dit cependant parce qu'il croit que c'est vrai. La même honnêteté scientifique le pousse à se servir du transformisme dans les limites où il le croit démontré, tout en laissant voir qu'il n'a pas, pour les conséquences philosophiques de ce système, une sym-

---

1. Mais aussi, on pourra éviter la luxation « par une orthopédie préventive à la portée des mères » (p. 19).

pathie personnelle bien profonde : voici quelques passages qui en témoignent :

« Le transformisme n'est qu'une théorie ; il peut être utile *quoique faux*. On peut l'accepter en totalité, on peut le nier en partie, on peut surtout le révoquer en doute quand il s'éloigne des faits constatés pour se perdre dans les hauteurs de la métaphysique » (pp. 6-7) ; et plus loin (p. 17) : « ... l'homme s'est élevé au-dessus de ses voisins immédiats (*nous ne disons pas de ses parents les plus proches*), les anthropoïdes ».

Quelles que soient les raisons, scientifiques ou sentimentales, qui portent M. Le Damany à faire ces restrictions quant à la valeur générale du transformisme, elles ne peuvent que donner plus de valeur à ses affirmations quand il nous apporte des observations de transmission héréditaire de caractères acquis par la méthode lamarckienne. Là où un transformiste convaincu serait suspect, il n'y aura pas lieu de se défier d'un auteur qui n'accepte du transformisme que ce qu'il est obligé de ne pas rejeter. Or, le livre dont je parle ici est une admirable contribution au lamarckisme le plus pur.

Je citais tout à l'heure le passage dans lequel il était question de la transmission héréditaire de la luxation congénitale de la hanche. Il suffira donc que l'on connaisse le mécanisme par lequel cette luxation s'acquiert sous l'influence d'une *contrainte extérieure*, pour que l'observation de cette transmission héréditaire devienne un très beau cas en faveur de Lamarck. Mais précisément, les 500 premières pages du traité ont pour principal objet de démontrer que la conformation vicieuse dont résulte, *après la naissance*, la luxation congénitale de la hanche, provient de CONTRAINTES subies dans l'utérus maternel par suite de l'allongement des fémurs et du développement du bassin. Qu'une telle conformation, acquise par contrainte, soit transmissible à la génération suivante, c'est donc l'un des plus beaux exemples connus de transmission héréditaire des caractères acquis[1].

J'emploie le mot « contrainte » au lieu d'employer le mot pression, car il permet un langage plus général. Quand un animal, habitué à certaines conditions de vie, se trouve transporté dans un milieu différent, les circonstances ambiantes le *contraignent*, sous peine de mort, à acquérir des habitudes nouvelles qui peuvent devenir des caractères transmissibles suivant la loi de Lamarck. Toute adaptation résulte donc d'une contrainte ; les cas où cette contrainte résulte de pressions exercées par des corps solides sont les plus grossiers, mais les plus frappants. En employant le mot contrainte au lieu du mot pression, on obtient un langage plus général qui a l'avantage de s'étendre à toute la biologie. Et, ainsi que je l'ai longuement montré ailleurs, il suffit que l'on connaisse *un seul* cas de transmission héréditaire d'un caractère acquis par contrainte, pour que le transformisme lamarckien soit définitivement établi dans toute son ampleur; mais ce n'est pas ici le lieu de faire toutes ces remarques; je reviens à mon sujet.

Dès la première page, l'ouvrage de M. Le Damany s'affirme comme devant avoir un intérêt biologique de premier ordre; voici, en effet, les phrases du début de l'Introduction :

« Dans l'espèce humaine, l'augmentation volumétrique du cerveau, par suite des modifications qu'elle impose au bassin et au fémur en vue de la station debout et de

---

1. Dans le même ordre d'idées, le Dr Cathelin a fait connaître également des transmissions héréditaires de caractères acquis par contrainte.

l'accouchement, a une influence nuisible sur la conformation du squelette de la hanche. Le défaut qui en résulte grandit avec l'élévation anthropologique. Il aboutit, quand il est excessif, à la luxation congénitale de cette articulation. L'espèce humaine porte ainsi dans son squelette les preuves d'un antagonisme très évident entre la conservation au corps d'une bonne conformation et l'acquisition, jusqu'à présent continue, d'un cerveau de plus en plus volumineux. Qu'adviendra-t-il de cet antagonisme? La transformation s'arrêtera-t-elle au maximum actuel, ou bien des phénomènes nouveaux viendront-ils bouleverser le développement de l'être humain et le soumettre à d'autres lois? Personne ne le sait. Mais nous pouvons affirmer que, dans la voie suivie jusqu'à ce jour, l'homme sera obligé, soit de s'arrêter, soit de subir une cause spéciale de dégénérescence, la luxation congénitale de la hanche ».

Des considérations toutes différentes m'ont conduit à penser que l'évolution humaine est devenue de plus en plus difficile[1], qu'elle est même arrivée peut-être à un point qu'elle ne saurait dépasser; je ne m'étonne donc pas des conclusions pessimistes de M. Le Damany. Mais je veux me borner à signaler, dans cet Appendice, les cas certains d'hérédité des caractères acquis que l'on trouve relatés en si grande abondance dans son livre. Je ne me dissimule point, d'ailleurs, que je suis suspect dans cette affaire, car de tels cas, et des plus évidents, j'en trouve partout dans toute la nature. En particulier, « l'augmentation volumétrique du cerveau » (qui pour notre chirurgien est la cause initiale de tout le mal), l'augmentation volumétrique du cerveau, qui, personne ne songe à le nier, *est héréditaire dans notre espèce*, me paraît

---

1. *La Stabilité de la Vie*. Paris, Alcan, 1910. V. aussi *Biologica*, année I, p. 1.

avoir une origine purement fonctionnelle; je crois surtout que l'exercice du langage articulé dont les autres singes sont dépourvus, a prodigieusement contribué à réaliser cette augmentation. C'est donc encore un cas lamarckien d'hérédité des caractères acquis, quoique certains naturalistes n'aient pas craint de voir dans la transformation d'un cerveau de singe en cerveau humain une mutation fortuite! (Pourquoi alors ne pas admettre l'apparition totale de l'homme par création? Son cerveau est ce qu'il a de plus merveilleux.)

Je ne fais pas état de cette question du cerveau, et je passe à ce problème que M. Le Damany étudie fort longuement : « Pourquoi se fait l'orientation inverse du coude et du genou chez les mammifères? Le coude tourne sa flexion en avant, le genou la dirige en arrière; pourquoi cette différence et comment se produit-elle? (p. 30 et 31). D'après M. Durand de Gros, cette disposition aurait pour effet de faciliter la marche. M. Le Damany n'accepte pas cette interprétation. « Il lui semblerait plus rationnel que les deux membres, tout en se transformant, restassent semblables dans leur forme et dans leur orientation comme chez les Sauriens anciens et comme, aujourd'hui, chez les tortues. » Et d'ailleurs, ajoute-t-il, « le cheval, qui est admirablement doué pour la course, raccourcit son humérus et allonge son métacarpe à tel point que son membre antérieur... parait comme pourvu d'un genou et fonctionne réellement comme un membre *genouillé?* » Le membre postérieur a au contraire une apparence *cubitée*. Ce ne sont donc pas les raisons mécaniques de la locomotion qui ont fait apparaitre chez les mammifères l'orientation inverse des membres antérieurs et postérieurs. Je fais remarquer que même si cette orientation inverse avait été un résultat d'une adaptation mécanique à la marche, il y aurait là un cas d'hérédité de caractères acquis par fonctionnement; mais l'explication de M. Le Damany est bien plus favorable encore à la thèse lamarckienne.

« Les petits des mammifères se développent dans une cavité utérine dont le volume est fort peu modifiable et parcimonieusement mesuré. Le fœtus qui acquerra dans l'utérus le développement le plus avancé obtiendra en même temps le maximum de robustesse et de résistance[1]. Celui-là aura su loger dans une matrice étroite le corps le plus gros et les membres les plus grands. S'il projetait de part et d'autre, en croix, dans la position de l'écartèlement, ses membres antérieurs et postérieurs, leurs extrémités seraient arrêtées... dès une période peu avancée de l'incubation. L'arrêt serait un peu plus tardif si les deux membres se déplaçaient dans le même sens, parce qu'une des deux paires serait appliquée contre le tronc. Mais qu'il dirige en arrière le membre de devant et en avant le membre postérieur, les conditions seront toutes différentes. Au lieu de s'étaler, le jeune être se met ainsi en boule, rapproche sa forme de celle d'un sphéroïde, et supprime la saillie de ses appendices. Or, l'orientation du pli du coude est le corollaire obligatoire de cette direction de l'humérus, de même que la disposition inverse du genou est la conséquence forcée de la direction inverse du fémur... C'est donc à la phase intra-utérine de la vie qu'appartient l'orientation en sens contraire de l'humérus et du fémur » (p. 34).

L'auteur aurait pu ajouter que, vu l'exiguïté de l'utérus, cette disposition des membres a été primitivement gênante pour les petits; *il y a eu contrainte*, et c'est pour cela que les membres ont « pris le pli » et l'ont gardé après l'éclosion. M. Le Damany montre d'ailleurs un embryon de crocodilien qui, dans l'œuf, avait ses mem-

---

1. Ceci est également vrai des oiseaux qui se développent dans une coque d'œuf.

bres orientés comme ceux des animaux supérieurs, alors que, chez l'adulte, il n'en est plus de même. « Nous nous trouvons donc là en présence d'une disposition embryonnaire transitoire chez le crocodile, spécialement réservée à la vie dans l'œuf, et qui disparaitra par le libre fonctionnement et par la libre extension des membres. » (P. 36.) Pourquoi cette disposition est-elle transitoire? parce que, les membres étant courts, il n'y a pas de contrainte capable de leur faire prendre le pli. La figure le montre d'ailleurs parfaitement. Au contraire, chez les mammifères, les membres étant plus longs, le caractère embryonnaire réalisé dans l'œuf par une *contrainte* prolongée se conserve chez l'adulte libre.

Voyons ce que l'on peut tirer de cet exemple au point de vue de l'hérédité des caractères acquis.

S'il y a contrainte dans l'utérus, le caractère de l'orientation inverse des membres est un caractère d'éducation et non un caractère d'hérédité, puisque l'éducation commence aussitôt que l'œuf est fécondé. Et de fait, au début, c'est bien ainsi que les choses se sont passées; l'hérédité, vraisemblablement comparable, à ce point de vue, à celle des anciens sauriens, aurait donné la même orientation aux deux paires de membres. Mais une contrainte survenait au cours de l'éducation utérine; les membres prenaient un pli nouveau et le gardaient indéfiniment après l'éclosion. Ce n'était pas là un caractère héréditaire, mais un caractère que chaque individu acquérait pour son compte au cours de sa vie individuelle, forcé qu'il était de passer par l'emprisonnement utérin.

Voici maintenant, comme dit Marot, *le bon du conte :* Ce caractère, que chaque individu a acquis par contrainte pendant de nombreuses générations, est devenu petit à petit un caractère transmissible, c'est-à-dire que l'orientation inverse des membres a cessé d'être due à l'éducation et s'est fixée progressivement dans le patrimoine héréditaire des espèces.

Et comment le savez-vous? me demandera-t-on.

M. Le Damany, sans poursuivre le même but que moi, a répondu soigneusement à cette question :

« La forme d'un poussin endormi, la tête repliée sous son aile, les pattes ramassées sous le corps, celle d'un jeune chien roulé en boule dans l'attitude du repos, sont à peu près semblables à la forme de ces mêmes animaux, dans l'œuf avant l'éclosion, dans le ventre de la mère avant la naissance. Dans la poche transparente de l'amnios qui les enveloppe, ... *l'attitude de ces animaux n'a rien de forcé; elle est si naturelle qu'ils y reviendront plus tard, volontairement ou instinctivement après la naissance.* » (Pp. 11 et 12.)

Cela est bien catégorique; il n'y a plus de contrainte dans l'utérus, donc le caractère acquis autrefois par une contrainte utérine, au cours d'un grand nombre d'éducations successives, a fini par se fixer dans le patrimoine héréditaire; il se reproduit aujourd'hui naturellement sans l'intervention du facteur de contrainte qui l'a fait naître. C'est là la définition même des caractères acquis devenus héréditaires, suivant la formule de Lamarck. Envions les jeunes cobayes, les jeunes chiens qui sont à leur aise dans le ventre de leur mère, mais hélas, plaignons les pauvres enfants !

« L'enfant, au repos, ne reprend jamais l'attitude qu'il avait dans le sein maternel; elle lui serait pénible. Anatomiquement, elle l'était même avant sa venue au monde. Nous en montrerons la preuve dans la déformation de son fémur, de sa cavité cotyloïde et de son bassin. » (P. 12.)

Pauvre enfant de l'espèce la plus intelligente du monde ! Parce qu'il doit être héréditairement pourvu d'un vaste cerveau, il faut qu'il subisse dans l'utérus maternel un supplice comparable à celui du cardinal de La Balue ! Autrefois, ses ancêtres animaux avaient acquis péniblement, au cours de nombreuses gestations successives, la propriété d'avoir un coude tourné en arrière et un genou tourné en avant. Petit à petit ces caractères étaient devenus héréditaires et la contrainte utérine avait cessé. Tout allait donc pour le mieux, quand la possibilité du langage articulé fit développer le cerveau de l'homme. Il fallut porter droite une tête devenue trop lourde. M. Le Damany nous montre comment la station verticale détermine l'allongement des fémurs, caractère acquis par fonctionnement et *devenu héréditaire* puisque les fémurs prennent, dans l'utérus, leur longueur relative ; cette même station verticale et la gestation de fœtus à grosse tête développèrent le bassin, caractère acquis qui devint héréditaire, puisque le bassin prend, dans l'utérus maternel, son développement relatif. Et la conséquence de tout cela est que le pauvre fœtus humain, avec sa grosse tête, son grand bassin et ses longs fémurs, souffre le martyre avant sa naissance ! Quels sont donc les poètes ignorants qui ont envié le

« petit enfant dans le sein de sa mère » ?

Le pauvre gamin est soumis à des contraintes douloureuses, et on se demande avec angoisse s'il pourra jamais prendre le pli, devenir un embryon heureux ! Il faudrait pour cela que toutes les modifications anatomiques, résultant de ces contraintes en vertu du premier principe de Lamarck, pussent devenir héréditaires, s'inscrire définitivement dans le patrimoine héréditaire de l'espèce ! Or, ces modifications sont la torsion du fémur, la déformation du bassin, etc. Et lorsque ces modifications sont produites, si elles sont suffisamment accentuées, qu'arrive-t-il? Il arrive que le fœtus, qui a fini par trouver le repos au prix de déformations douloureuses, se luxe le fémur dès que la sage-femme le met sur le dos pour lui faire sa première toilette. Il s'était adapté, après une gestation pénible, à une vie de La Balue en cage; mais en même temps il avait perdu l'adaptation à la vie d'homme libre. Débarrassé de la contrainte utérine, il devra se résigner à subir, pendant bien plus longtemps, celle du plâtre de M. Le Damany; ou bien il faudra rester boiteux!

Nous assistons à l'acquisition d'un caractère nouveau, et qui a une tendance à devenir héréditaire[1]! L'homme n'est pas homme depuis assez longtemps; son crâne, son fémur et son bassin lui créent encore des tortures intrautérines. Et ce sont les fœtus les plus malins, ceux qui s'adaptent le mieux à leur prison, ceux pour lesquels la contrainte n'est plus douloureuse à la fin de la vie utérine parce qu'elle a produit toutes ses déformations, ce sont ceux-là qui vont se luxer le fémur dès qu'on les placera dans le décubitus dorsal! Et, chose lamentable, les déformations résultant des contraintes semblent s'être inscrites dans le patrimoine des déformés! Quarante pour cent des luxés congénitaux son des « héréditaires »! Or, il faut deux parents pour faire un enfant, et 40 p. 100 c'est bien près de 1/2.

Voilà donc un nouveau cas d'hérédité de caractères acquis par contrainte. Je ne voulais pas montrer autre chose dans cet Appendice; mais je dois faire remarquer que ce caractère nouveau ne doit pas être encore assez ancien pour avoir été introduit jusque dans le patrimoine

---

1. Je crois bien que les darwiniens auront de la peine à expliquer par leur principe d'*utilité* l'acquisition d'une luxation héréditaire de la hanche!

chimique des individus; ce n'est pas comme pour les plis inverses du genou et du coude qui sont définitivement acquis et apparaissent chez tous les échantillons de l'espèce. Vraisemblablement, ce nouveau caractère de déformation par contrainte récente n'a pas encore pénétré aussi profondément; il doit s'être arrêté à l'échelle protoplasmique, et les lignées qui en sont pourvues ne peuvent pas être considérées comme spécifiquement différentes de celles qui n'ont pas subi la déformation et ne présentent pas de luxation congénitale.

Mais si cela est vrai, on pourra espérer que les malades redressés par l'orthopédie de M. Le Damany, perdront *tout à fait*, par un fonctionnement normal prolongé, le caractère pathologique que le distingué chirurgien craint de voir transmettre à leurs enfants par ses opérées guéries. Une contrainte normale pourra défaire ce qu'avait produit une contrainte pathologique, car les caractères ne sont définitivement acquis que lorsqu'ils sont inscrits dans le patrimoine chimique. L'avenir nous apprendra ce qu'il faut penser de cette espérance.

FIN

TABLE DES MATIÈRES

3395. — Paris. — Imp. Hemmerlé et Cⁱᵉ. — 9-12.